いま読む！名著

ダーウィン『種の起源』を読み直す

内田亮子 Akiko UCHIDA

進化と暴走

いま読む！名著

進化と暴走

ダーウィン『種の起源』を読み直す

＊

目次

いま読む！名著

進化と暴走

ダーウィン『種の起源』を読み直す

序章

ダーウィンのメッセージ

人間という生き物

人間とはどのような生き物か。このような疑問を持つこと自体が人間独特なのだが、その答えが容易でないのも人間の特徴であろう。高度な科学技術と洗練された芸術文化を誇り、一見すると地球を支配しているように見える人間。その一方で個人や集団による悲惨で醜い行動は絶えない。「わかっているはずなのに」と途方にくれることも頻繁に起こっている。約七〇〇万年間の人類進化過程で、人間はどうしてこうも変な生き物になったのだろうか。

過去約三〇年間で人間の「奇妙さ」は特にエスカレートしているように思わざるを得ない。創り出してしまったが扱いに悩む科学技術、例えばクローン生産やゲノム編集技術、原子力利用、大量殺戮や遠隔操作が可能な武器、宇宙の資源開発競争など。そして、仮想通貨・マネーレス化の導入と同時に発生するハッキングによる巨額の被害、ソーシャル・ネットワーキング・サービスの普及による新しい人間関係の形成とそれにまつわる中傷合戦や犯罪、さらにはフェイクニュースの氾濫。従来の国家ではないイスラム国による残忍なテロ行為や歴史的遺産の破壊、その勢力と戦ったクルド女性兵士の半裸遺体を切断し踏みつけるトルコの武装兵士の姿は見るに耐えない。ボコハラムによる大勢の女生徒拉致に、ブードゥー教などの儀式で傷を負う子供達。膨大な数のシリアやロヒンギャなどの難民問題では、彼らを命がけで助けようとする人達がいる一方で、難民排斥運動と極右思想が勢力を増すヨーロッパ諸国。ベネズエラなどでの食糧危機と、アメリカや中東で深刻な肥満による疾病。これらはほんの一部で、全て同じ生き物の所業である。もし、地球外生命体が最近の人間界をみているなら、きっと不思議に思うだろう。

本書は、このように「奇妙な」人間についての考察の試みである。人間の何が変なのか、どうしてなのか。これらの問いの答えは、他の生き物と比較し、これまでの歴史を知ることで初めて明らかになる。一九世紀後半、人間についての科学的探求の扉を開けたのが、チャールズ・ダーウィンである。そこで、二一世紀の人間を考える手がかりとして、ダーウィンの『種の起源』（一八五九刊）を改めて読んでみたい[*1]。

『種の起源』は、今日でも読むべき価値のある数少ない科学書の古典として知られている。当時の「科学」は宗教と訣別できておらず、ダーウィンの考え方は明らかに時代を先んじていた。驚嘆するのは、ダーウィンの自然に対する尽きない興味である。研究対象は様々な植物、昆虫、鳥、哺乳類から地殻変動に至るまで広範囲にわたる。他の研究者の膨大な成果を単に参照するだけではなく、自ら生き物やその環境を忍耐強く観察し詳細に記録し、そして説明を試みた。以後約一六〇年間で生物学や生命科学は著しく発展した。しかし、研究テーマは細分化され分担で行われるようになり、科学者一人一人がダーウィンのような大きな視点と関心を持つことは難しくなっている。実際にあった話だが、昆虫のＤＮＡ（デオキシリボ核酸）を研究していた大学院生は博士論文の面接審査を控えてとても緊張していたところ、指導教官から「大丈夫だよ、足が何本あるかぐらいしか聞かないから。」と言われ、青ざめてしまったそうだ。

もちろん、『種の起源』を含むダーウィンの著作への評価は様々で、生物学の分野を超えて論争がいまだに続いている。当時の生物についての知見や分析技術のレベルからして、ダーウィンの考えが全て正しいと言えない。また、その題名から誤解されがちだが、この本は生命の起源そのものは扱っていない。ダーウィンの功績とは、生命の存在の基本を示したことである。全ての生物は共通の祖先から長い時間をかけて徐々に変化、つまり進化していった。また、生き物の出現と分岐そして存続および消滅のメカニズムは、超自然的なデザイナーによるのではなく自然界に存在する。ダーウィンの示したこの生命観は、高度な再生医療が実現するまでに飛躍的発展を遂げた現代の生命科学をもってしても揺らぐことはない。私たち人間も間違いなく進化の産物である。

ダーウィンのメッセージ?

では、ダーウィンの二一世紀の人間へのメッセージとは何だろう。それは、生命のありようについて気づくことの大切さだと思う。その気づきが、進化とそのメカニズムについての普遍的説明を可能にし、ダーウィンが『種の起源』を執筆する挑戦の原動力となったのである。

ダーウィンが描いた生命のありようは、幹を共有した樹の枝が様々な方向へ伸びては分かれ、ある枝たちは途中で途絶えるというものである。これは、リンネの言葉「自然は跳躍せず」を規範にしている。自然界や家畜の変異の観察から、現生の生き物は違いを示すが、歴史を遡ればみな繋がっているはずということが導かれる。さらに、新種が誕生する過程は主に漸進的であり、もとの種と新しい種は連続しているので、境界が曖昧な段階を経る。しかし、これは当時一般的だった生命のイメージとは全く異なる。アリストテレスをはじめ多くの識者たちが描いたのは梯子状の図で、下方に単細胞生物、上方に人間、そして最上位に神を配置した。そして、各段の間には明確な隙間があると考えられていた。

残念ながら、『種の起源』が出版されて一六〇年たった今日でも、進化の概念は一般社会で広く認められているとは言えない。科学の発展と浸透には不思議な偏りが存在するようである。ガリレオの地動説が受け入れられ宇宙開発が飛躍的に進んでいるにもかかわらず、生物の進化が認められないのは、宗教的理由だけで簡単には説明できない。日本では大多数の人が進化を事実として認めてはいるが、十分に理解しているとは言えない。大学の生物学や人類進化の授業を履修する学生の多くは進化を誤解しているし、そのメカニズムをほとんど知らない。生き物に対して無関心だからということでもないらしい。

一因として、ダーウィンのメッセージがわかりにくいということが考えられる。ダーウィンは生命の変異の様から進化を確信し、そのメカニズムを考え出したのだが、キーワードである〈変異〉がどうにもわかりにくい。言うまでもなく、ほとんどの人間は言語によって現象や概念を理解、記憶し思考する。この独特な情報処理の仕方が原因で、生物の変異を言葉で理解することが困難となり、進化そしてダーウィニズムは誤解されてしまったのではないだろうか。まず、変異についての誤解の状況をみてみよう。多少くどい説明となるがご容赦いただきたい。

生物の変異（バラつき）とその誤解

変異は英語のvariationの訳語で、生物学用語として長年使われており、その定義は明確なはずだが実はそうではない。

遺伝関連の用語としてよく耳にする突然変異はmutationの訳語とされてきた。しかし、本来mutationは「遺伝的情報の変化、そのプロセスまたは変化したもの」を指し「突然」という意味を必ずしも伴わない。例えば、隔世遺伝する突然変異とは何？　となり、以前から誤解が指摘されていた。そこで、日本遺伝学会は約一〇年の検討の後、他のいくつかの遺伝関連用語とともにvariation（変異）とmutation（突然変異）の訳語および用法を改定した。改訂版では、mutationを「変異」、variationを「多様性」とし、変化を伴うプロセスを意味する場合のvariationは「変動」とした。[*2] ところが、この遺伝学での用語改定で生物学一般のvariationについての不理解や誤解は解決されないどころか、混乱が増す可能性がある。特に、遺伝学の分野外の生物学者にとって、variationの訳から変異を外すことについての抵抗感は強い。[*3]

多様性はdiversityの訳語として主に生態学の分野で使われてきた。例えば、「生態系のdiversityは、遺伝子、個体群、種の各レベルでのvariationの高低との関係が検討される。」という文中の英単語をどちらも「多様性」と訳すことには違和感がある。また、mutationにはミクロレベルでの現象というイメージが強く、個体、個体群や種を対象とした比較にはそぐわないように思う。少なくとも、ダーウィンが考えたvariationは、遺伝学会が定義したmutationとしての変異、あるいは多様性や変動のいずれとも多少異なるように思う。

そこで、本書では『種の起源』で頻出するvariationは、従来通り、岩波書店の翻訳書などに倣って変異と訳す。この変異とは、遺伝情報、細胞、組織、個体、集団、または種などが示す違いのことである。変異を堅苦しくない言葉で言い換えるならば「バラつき」が妥当と考え、本書ではバラつきを多用する。このバラつきは、不揃い、基準から外れる様という意味ではないので誤解しないでいただきたい。そして、変異は、時間軸および空間の両方で考える必要がある。

このように言語の基本要素である単語は、複数の人によって共有されればどのような意味でも成立する。同じ言葉が複数の意味を持つことも珍しくない。そのため、たとえ同じ言語であっても、まして異なる分野の業界や異なる用語を使う場合なら「翻訳」が介在することで、全く同じ意味を共有することが難しいことも多い。

さらに、言葉の意味そのものの特徴の問題がある。言語では、生き物に限らず現象や物質のバラつきを一括りにしてラベル、つまり言葉を使って表現する。一括りにするルールは複数の人間に認識されやすい便宜上のものである。また、必ずしも客観的な指標による括り方ではなく、集団によって変更可能である。境界が曖昧な場合であっても、便宜的に線引きをして把握して言語化されて把握される。

この例としては、色を表す言葉がわかりやすいであろう。国際照明委員会では青（Blue）という色の波長は一つに規定しているが、私たちが青という言葉から認識する色の範囲はかなり広い。さらに、異なる集団や文化で緑と呼ばれる色も青と認識する場合、その逆もある。生き物のバラつきについても然りである。人間の皮膚の色は連続した分布を示すので、明確に分類することは不可能である。にもかかわらず、白人、黒人というあたかも明確な枠を示すような言葉が使われ、社会的分断の元凶となっている。本来バラつきを示す現象の言語による説明は、恣意的なものになりがちなのである。

生物学では対象が生命であることで、物理や化学などと比べこのような言語の問題がより厄介となる。例えば、酸化、重力、地動説は、複数の意味を持つ余地はない。生物の変異は物理学や化学にも不可避な誤差（測定値、理論的推定値と真の値との差）と同意でもない。これまで説明してきたように、生物の個体間、細胞間でのバラつきは真に実在する。生命の階層―遺伝子、細胞、組織、個体、集団、種、それ以上の分類枠など、それぞれのレベルでの構成要素のバラつきを「誤差」として軽視することはできない。

また、生物の変異は、元素やその組み合わせの物質の種類とも異なる。例えば、水の化学式は$H^{2}O$はである。正確には、$H^{2}O$は一種類ではない。水素と酸素には水素^{1}Hと酸素^{16}O以外に中性子の数が異なる安定同位体（それぞれ二種類）があり、それらの組み合わせによって異なる$H^{2}O$はが存在する。しかし、天然で^{1}Hや^{16}Oはそれぞれ九九パーセント以上であり、それ以外は極めて微量しか存在しない。したがって、水についての圧倒的に多く存在する$H^{2}O$はの特徴を分析し明確に記述することができる。一方、約七〇億人の現生ホモ・サピエンス（*Homo sapiens*）で典型的な人は誰かなど決められない。全く同じ個体は存在しないからである。一卵性双生児でゲノム構造が全く同じであっても、また、クローン二個体であっても生後には表現が別々に変化する遺伝子があるので、完全に同じということはない。

種間の類似や違いを語ることも、特徴ごとに異なるバラつきのため難しい。人間とチンパンジーは異なる種であるが、共通の祖先から約七〇〇万年前に分岐したこの二種のゲノム構造は九八％以上同じである。「見た目や行動がこんなに違うのに」とこの遺伝的類似性に衝撃を受けた人は多いだろう。ただし、遺伝子の表現における類似度は臓器によって異なるのでさらに複雑である。私たち人間は、視覚などの感覚や語彙に伴うイメージをもとに類似・相違を判断し、バラつきを分類し区別しているのだが、通常はその勝手さに気づかない。
なお、現代生物学での種の定義も複数あり、主なものは「潜在的にまたは実質的に交配可能な個体の集団」だが、化石では検証不可能という批判など様々な議論がある。確かなのは、連続する種の間の隙間は明確ではないということである。

進化と変異、そして誤解

次に、進化という言葉の誤解である。商品のコマーシャルをみれば、進化が間違いなく誤解されていることがわかる。日本の企業は自社の製品を他社と比較して宣伝することが制限されているらしい。その結果、自社製品の販売促進の手段として、改良する度に自社製品が「進化した」ということで、「より良いものである」というメッセージを消費者に訴えている。洗剤や車は頻繁に進化している。また、運動選手の評価にも進化という言葉はよく使われる。確かに、広辞苑によると、進化に進歩という意味が含まれている。しかし、生物学的進化には良くなるという価値観は含まれない。同じような誤解は他の言語圏でも見られる。

なお、ダーウィンはevolutionという言葉をほとんど使っていない。その理由として、そもそも「evolve」は「巻物を広げる」という意味であり、彼が誤解を避けたかったからといわれている。何れにせよ、進化（evolution）という言葉は、彼が提示したかった概念とは全く違う意味で現在一般的に使われている。そこで、生物学の授業では、まずは進化の定義について誤解を解くことから始めなければならない。

現代生物学の進化の定義は、「集団内で遺伝に影響を受ける形質〔特徴〕の頻度分布が世代を超えて累積的に変化すること」である。これを言い換えると、形質のバラつきの様態が世代を超えて変化することである。個体が一生の間に進化することはない。また、退化も進化であり対義語ではない。

具体的に、例えば身長で説明しよう。ある集団内の大人の男性の身長を計測する。その計測値はある世代で一四〇〜一七〇センチメートルまで様々であるとする。そして、ある身長の範囲、例えば一五〇前後により多くの個体が分布する。この集団に見られる身長の変異の程度とは、身長のバラつき具合のことである。身長に進化が起こるとはどういうことか。まず、身長の高さは栄養など環境の要因にも大きく影響を受けるが遺伝も影響することが知られている。そこで、長い時間をかけて何世代も同じ集団の身長を測定した結果、その集団の身長のバラつき具合が元の集団のバラつき具合とは異なり、より低い個体が多くなる、あるいはより高い個体が多くなる、あるいは身長のバラつきの範囲が狭く・広くなる傾向があった場合、この集団では身長の進化が起こったという。バラつきの様態が世代を超えて累積的に変化したからである。

ダーウィン以前にも、ラマルクやダーウィンの祖父を含め複数の博物学者が、生物が変化することには気づいていた。だが、彼らはそのメカニズムについて確からしい論理的説明を出すことができなかった。変異を誤差のようなものと捉えられていたことが一因である。繰り返すが、ダーウィンはバラつきに注目したことで初めて、進化という現象を生命に普遍的なものとして捉えることができた。さらに、その主要なメカニズムについて理論化できたのである。バラついた特徴の中で、生存と繁殖に有効に働くものが、世代を超えて頻度を維持あるいは増し、そうでない特徴が頻度を減らす、これが自然選択である。身長の例で自然選択が働くとは、特定の身長の個体がそうでない身長の個体よりも子供を多く残すことができ、その身長の個体の頻度は世代を超えて増えていき、そうでない身長の個体の頻度は減っていくということである。

集団内に前世代とは異なるバラつき（新しい形質あるいは異なる形質の状態）が出現した場合は、それを可能にする遺伝的素因が、もともと集団内に存在していたが新たな組み合わせとして実現される場合と、突然変異で遺伝子情報が変化する、あるいは異なる遺伝子が集団外部から流入する場合などが考えられる。

なお、生物学でダーウィン的進化が認められるには、二〇世紀前半の集団遺伝学の発展を待たなければならなかった。なぜなら、進化を定量的研究するために必須な遺伝の実態解明、そして集団内での頻度変化分析の理論的そして技術的発展に約一〇〇年近くかかってしまったからである。さらに、近年では遺伝子表現の複雑な多様性が明らかになっている。この間、進化という単語は「進歩」の意味で一般社会に浸透してしまった。異なる意味で広まった進化概念の修正は、残念ながら容易ではない。

『種の起源』を読む

本書では、『種の起源』がダーウィンの生き物のありようへの気づきを記した古典として読んでいく。そして、生物の変異そして進化を理解することの難しさを人間固有の言語能力と関連づけて考えてみる。さらに、ダーウィンが主張する「一様な」動物との連続性で、言語獲得後の人間の全ての特徴、そして二一世紀の人間の奇妙さが説明できるのかについても検討したい。以下、各章の概要をまとめる。

第1章では、『種の起源』で丁寧に語られるダーウィンの生き物の変異の記述と考察、分類ユニットとしての生物の「種」、進化、そのメカニズムの自然選択などを新しい知見も紹介しながら解説を試みる。ダーウィンは、自らの考えを一般社会に納得させることの難しさも十分に認識しており、言葉の使い方に慎重だった。語りたいこと、語りたくないこと、語れないことなど、『種の起源』には彼の苦悩が詰まっている。

変異の法則についてのわれわれの無知はふかいものである。[*4]

これは、私が『種の起源』の中で最も感銘を受けた文である。多様な動物のゲノム解析、遺伝子発現や性分化などについて研究が躍進すればするほど、生命の変異について、いまだにあまりにも無知であることを思い知らされる。では、生物のありよう、そして進化についての誤解を憂慮するのは、生物学者の単なるこだわりにすぎないのだろうか。私たちが苦手とする変異と進化の理解は、二一世紀の人間社会が抱える問題の多くと必ずしも無関係ではないと思う。

変異と平等

第2章では、ダーウィンと同時代、あるいはその前後において人間についての考察を試みた思想家、政治家、科学者などを取り上げる。それぞれが、民族、人種、貧富の階層という枠組み、そして枠間の違いの説明について、自らの宗教や社会思想そして科学的人間観と悩みながら折り合いをつけ、人間の起源や自然界での位置、特異性、そのバラつきについて独自の解釈を導いている。

自然界の資源や富は明らかに有限であり、それらの配分をどう決めるのか。自分と「彼ら」は同じ権利を持つのかどうか。これは人間だけではなく他の動物にとっても重要な問題である。人間の場合、社会的平等性の考え方は、政治や宗教だけでなく、生命のバラつきをどう理解するかが影響すると考えられる。例えば、ダーウィンとアメリカ合衆国第一六代大統領のリンカーンはともに「全ての人の平等」を理想としていたが、それぞれ何を根拠として誰の平等を目指していたのだろうか。

ダーウィニズムと人間科学

人間を対象とする学問の場合、自身の説明を含むため残念ながら客観的な分析に徹することは難しい。特に人類学という学問の歴史は、主観や偏見によるバラつきの解釈に塗れているといっても過言ではない。第3章では、生き物の学問でありながら、生物学の原則を共有しない人間を対象とした学問を取り上げる。この領域では、ダーウィンの提示した進化の考え方を受け入れないどころか、誤った「進化＝進歩」という概念が浸透し（偽ダーウィニズム）、それに対する批判として反ダーウィニズムを主張する研究者が多い。

また、二元論的発想から、特に心や行動のダーウィニズム的説明には抵抗が強い。「人間は他の動物とは明確に異なるのだから他の動物との比較は無意味である。」、「民族間や文化間の違いの理由は、それぞれの集団の持つ数千年の歴史にあり、普遍的・科学的説明などできない。」これらは、今日でも国内外の社会科学系の研究者から聞く意見である。違ってはいても互いを認めあおうという尊い考え方に繋がるのだが、実際には、図らずも違いを強調しているように思う。歴史を重要視していながら、彼らにとっての時間軸は長くても数千年である。なぜ違うのかという根っこについては、ほとんど問われることはない。人間理解に生物の歴史は無関係と考えるようだ。つまり、ダーウィンの共通祖先からの分岐という考え方とは根本的に異なる。

伝統的に身体的な特徴への関心が高かった自然科学系の人類学も、ダーウィンのバラつきについての考え方を必ずしも踏襲してはいなかった。むしろ、バラつきを偏って解釈したことで、政治的に利用されてきたという負の遺産がある。人類学者による形態的特徴にもとづいた人間の分類は、人種や民族を区別し排除したい政治家に「科学的根拠」を与え、それが紛争や対立の原因になった例は数多い。

ダーウィンの『種の起源』には人間についての言及はほとんどない。しかし、人間以外の動物の本能、伝統や慣習そしてその継承について考察されており、示唆に富んだものである。社会行動や文化について進化的視点から分析は、主に人類学以外の分野で進められてきた。主な歴史と動向を第3章の後半で紹介する。

言語の特性と進化

長年にわたる研究成果から、人間と人間以外の動物に見られる連続性は、ダーウィンには疑いようのないものであった。彼の美しい理論にとって人間は例外であってはならなかった。理論の普遍性を主張するため、ダーウィンは人間と動物との連続性を、心においてもあえて強調した可能性はある。当時の生物学や認知科学分野の知見は限られていたため、その連続性についての深い考察は難しかったであろう。第4章では、人間と動物を分かつ主たる違いとされる人間の言語能力に焦点を当て、ダーウィンの苦悩を言語の特性とともに考える。

言語の起源と進化についてはまだほとんど解明されていないのが現状で、ダーウィンの性選択説の適用を含め、様々な議論がある。言語構造の法則と言葉を幼児がどう獲得するか、言語はそもそも何のために出現したのか、どの程度生得的なのか。最近の知見を簡単に紹介したのち、言葉の特徴である象徴性と、それに起因する人間のコミュニケーションと思考の特異性について、チャールズ・パースやテリー・ディーコンの記号論的知見をもとにして考察する。

おそらく統計学が得意な人は多数派ではないだろう。私たちの脳の中では、自然界に存在する生命の空間的、時間的バラつきの様態はそのままではなく平均値等の統計的変数あるいは主観的類型に変換し、言語化されて情報処理されている。種とは何か、人間とは何か。誰が味方で敵なのか。さらに、何が実在し何が虚構なのか。第4章の後半では象徴思考がどのように進化・発達するかについて検討する。

人間の暴走と限界

第5章では現代を生きる人間の心や行動の奇妙さ、いわば暴走とも言える現象について更に考えてみたい。暴走は、他の動物と同じあるいは異なるベクトル上の両方で起こっている。人類はその起源後、しばらくは他の動物同様、自然界のシステムの中で生存し進化してきた。自然界には、極めて厳格な掟が存在する。それは、「一人だけ勝手に先に走ることは許されない」というルールである。この「一人」とは、一つの生物種でもあり、また、個体の中の一部器官や組織ということでもある。フライング的な飛び出しはまず規制されて簡単にはできないし、もし飛び出したとしても他の生物種や他の体の器官も必ず追随して相応の変化をする。リー・ヴァン・ヴェーレンの赤の女王仮説（Van Valen, 1977）は、この自然界の進化的軍拡競争を説明したものである。一般的に、このシステムは進化の推進力として捉えられることが多い。しかし、別の見方をすれば、これは自然界の強力なフライング制御機能でもある。人間はこの制御下から逸脱し、誰とも手を繋がずに走り始めた唯一の生き物である。

人間の暴走には、身体と心の働きにみられるものの両方がある。生理学的暴走の例には肥満があり、宗教、芸術や科学は象徴思考を基盤とし他の動物とは別ベクトル上に存在する暴走である。アニメの主人公に恋愛感情を持つ人間たちを、おそらく他の動物は理解できないだろう。さらに、何事にも不満をいだき解決しようとする心も暴走した。様々な特徴にみる暴走とその偏りそして限界について考察することで人間と動物の連続性、そして奇妙さを検討する。

ダーウィンと科学そして人間の宿題

人間が進化したという主張への当時の社会の激しい抵抗について、ダーウィンは非常に恐れていた。

そのため、『種の起源』を発表するのが遅れ、出版後も悶々として体調を壊したといわれている。それでも、ダーウィンは人間という生き物の科学的解明については、楽観的だったように思う。科学技術は目覚ましく発展し、世の中で生活は劇的に便利になって行った。科学は希望であり、科学がもたらす負の側面については、今日の私たちほど危惧していなかったかもしれない。ただし、科学に期待しながらも、生命のありようについては知識の蓄積によって必ずしも単純な説明がみつかるとは限らず、より謙虚になるべきであるという警鐘をダーウィンは忘れなかった。

最近の生物関連の学問、特に人間の進化については、化石、遺伝子、脳神経系の証拠が格段に増え、さらに分析技術や理論的発展が進んだことにより、そのバラつきの様態とその説明は従来考えられていたものよりもはるかに複雑であることが明らかになっている。かつてのように人間について自信たっぷりに物語を語ることはできなくなった。

人間の未来像についてダーウィンは楽観的だったのだろうか。データをもとに淡々語るというイメージがあるダーウィンだが、『種の起源』の中には、人間社会の不平等と非科学的盲信に対する彼の熱い思いが感じられる箇所がある。また、初版から改訂を重ねて表現を調整し、批判に敏感であったことも推察できる。ダーウィンの息遣いを感じながら『種の起源』を読み直すことで、彼のメッセージ、そして単なる違いの容認ではない「変異の理解となぜ？」という視点を再確認し、二一世紀そして未来へと暴走する人間の姿と人間の科学的理解について考えてみたい。

＊1　チャールズ・ダーウィン『種の起原』、八杉龍一・訳（以下、『種の起原』からの引用は、岩波文庫改版による）
＊2　日本遺伝学会（二〇一七）用語解説は『遺伝単——遺伝学用語・対訳付き、生物の科学　遺伝、別冊No. 22』を参照。
＊3　浅原正和（二〇一七）『哺乳類科学』、Vol. 57（2）、三八七－三九〇ページを参照。
＊4　『種の起原（上）』第五章、二一九ページ

第1章

『種の起源』を読む

いまや誰もが認める科学の古典『種の起源』には
ダーウィンの苦悩がつまっている。
ダーウィンがここで示したかったのは、新しい「種類」の生き物が
どのようにして存在するようになるのか、ということなのだが、
それを正直に語るには当時の宗教観との距離はあまりに大きかった。
そして「種」、「遺伝」、「自然選択」、「連続性」、「本能」という言葉の
共通理解の難しさはダーウィンを悩ませ、何より彼が使うのをためらった
「進化」という言葉に対する誤解は、ダーウィン以後の
人間科学を混乱させ、人間理解を停滞させた。
まず本章では、そんなダーウィンの、
語りたいこと、語りたくないこと、語れないこと、を確認していきたい。

1 『種の起源』の意義

蒔かれた知の種（タネ）

約一六〇年前に出版された『種の起源』は、現在も読む価値のある数少ない科学の古典とされる。これまでに、生物学者だけではなく科学史や哲学など多領域の研究者が『種の起源』を含めダーウィンの業績について膨大な量の論考を発表し、今も議論を続けている。では、ダーウィンの知見は現在のものと比べどのくらいだったのか。

ある科学ライターが著名な進化生物学者のフランシスコ・アヤラ博士にこの質問をした際の返事は明快である。「その答えは簡単だ。ダーウィンは私たちが現在わかっていることの九九パーセントを知らなかった。だけどね。残りの一パーセントが最も大事なことなんだ。」（Hayden, 2009）。『種の起源』はその一パーセントを学ぶ本である。二一世紀の人間にとって意義のあるダーウィンのメッセージとは、当時の彼の考えそのまま全てでは決してない。生物学が約一六〇年の間に手を加え育むこととなる『種の起源』で蒔かれた知の種（タネ）である。

何が書かれているのか

図表1－1に『種の起源』の章立てと章題を示す。

『種の起源』に授業の課題で最初に向き合った時、私は序言を丁寧に読まなかった。そして、第一章

序言
第一章　飼育栽培のもとでの変異
第二章　自然のもとでの変異
第三章　生存競争
第四章　自然選択
第五章　変異の法則
第六章　学説の難点
第七章　本能
第八章　雑種
付録(第三版以降)　種の起源にかんする意見の進歩の歴史的概要
第九章　地質学的記録の不完全について
第十章　生物の地質学的遷移について
第十一章　地理的分布
第十二章　地理的分布(続)
第十三章　生物の相互類縁。形態学。発生学。痕跡器官。
第十四章　要約と結論
付録(第六版以降で第七章として挿入)　自然選択にむけられた種々の異論

［図表1-1］『種の起源』の章立てと章題

の題「飼育栽培のもとでの変異」を見て、生物の謎の解明という期待感が少し萎んでしまったのを覚えている。ダーウィンの意図を理解していなかったからである。『種の起源』の序言は、この本が何のために書かれ、どういう論理でその目的を達成しようとしたか、さらに著者が認識している問題点について実に丁寧に要約されている。極端に言えば、『種の起源』はこの序言と各章の冒頭にまとめられたキーワードを読めばほとんど理解できるといってよい。本文は、序言の内容をどうにかして読者に納得させたいというダーウィンの思いが詰まった膨大な例とその検証、そして当時の知見の限界と課題の提示である。

『種の起源』は地球上での生命の始ま

りのことではない。ダーウィンが示したかったのは、新しい「種類」の生き物がどのようにして存在するようになるのか、ということである。彼の結論は、以下の通り。

さて、種の起源という問題であるが、生物の相互の類似や、その発生学的関係や、地理的分布や、地質学的遷移、そのほかの事実を検討した博物学者が、種はどれもみな個々に創造されたものではなくて、変種と同様に他の種に由来するものだという結論に到達するであろうということは、十分に予想できることである。*1

あらゆる生物の存在は、もとの生物から変化してきたことで説明でき、神によって個々に創造されたものではない。その根拠となるのが、生物の〈個体間〉が示す変異、バラつきの時間的・空間的様態である。つまり、変異のありようについて知れば、生物は進化するという結論に達するということなのである。このことを丁寧に説明するために、ダーウィンは、まず、飼育栽培される動植物の変異と人為的な操作との関係を第一章で考察する。第二章では、発展させて自然界における変異と環境や地理的分布の関係について、そして避けることのできない種の概念について述べている。

第三、四章では、生物のバラつき具合の様子、つまりどういう生物、どういう個体が頻度を増しあるいは下げているのか、それには生物同士の相互関係、そして生物と環境との関わりが重要であることを述べ、頻度増減のメカニズムとしてマルサスの人口論をヒントにして自然選択を提案する。

どの種でも生存していかれるよりずっと多くの個体が生まれ、したがって頻繁に生存闘争が起こるので、何らかの点でたとえわずかでも有利な変異をうる生物は、複雑でまた時に変化する生活条件のもとで生存の機会により恵まれ、こうして自然に選択される。*2

第五章では、生物のバラつき具合についてさらに補足し、観察される変異が、体の部位や成長過程で一様ではないこと、もとの種類の形質に戻るような変化もあるなど、単純な説明は難しいことを記述している。変異が複雑であることを受け、第六、七章では生物が共通の祖先から変化した、そのメカニズムとしての自然選択という理論について考えうる不備や異論について、謙虚に可能な限りの反論を提示する。

どんなものであれ、多数の継続的な軽微な変化によっては生じえない複雑な器官の存在が証明されうるならば、私の学説は絶対的に成り立たなくなってしまうだろう。だが私は、そういう例を一つも発見できない。*3

第八章では、習性や本能を含む行動について彼の理論の当てはめの難しさを認めつつも、例外ではないという信念が書かれている。この章は、『種の起源』の中でも人間行動についても推論できる内容になっている。

第九章では、種という概念について、雑種での繁殖能力の説明をもとに考察し、第十、十一章では、化石の証拠の不完全さを認め、生物の絶滅の時期と原因、絶滅種と現生動物との関係など、生物の時間軸上でのバラつきと連続性について述べている。第十二、十三章は、空間でのバラつき、地理的分布についての考察である。第十四章では、比較解剖学、発生学から生物の類似性を検証し、再度共通の祖先からの由来について検証されている。

2 ダーウィンの苦悩を読む

語りたい、語りたくない

ダーウィンが確信した生物の存在についての普遍的原則の説明は、数学や物理学の理論に比べれば決して難しくはない。しかし、『種の起源』は、ダーウィンの苦悩の集積であった。生物進化を提示することが当時の宗教観への、ある意味命がけの挑戦だったということはもちろんだ。しかし、問題はそれだけではない。生物を語るにあたり、「種」、「遺伝」、「自然選択」、「本能」、「連続性」そして何より「進化」という言葉が誤解を招き、万人と意味を共有することが極めて難しいことを彼は十分に認識していた。以下、これらの概念についてのダーウィンの苦悩を考察していく。

種、遺伝そして本能などは、明確に定義されているはずと一般的には考えられているかもしれない。しかし、これらの語句についてダーウィンは「語らない、語るつもりはない」と『種の起源』の中で明言している。その理由は、実態について十分な知見が当時はなかったからだけではない。多様な意味があり誤解を与えるから、あるいは将来的にも知り得ない概念なので説明に時間を費やすのは無駄と考えたからである。進化という言葉も一度しか登場しない。進化のメカニズムとして彼が自信を持って提案した自然選択に至っては、その言葉の「選択」が原因でさらに理解されにくくなってしまう。そこで、『種の起源』は〈生物について言語で理解することがいかに難しいかを示した代表的な本〉であるという見方ができる。それでもダーウィンは『種の起源』で現代にも意義のある一パーセントを伝えることに巧みに成功したのである。

近年の進化生物学の知見は、ダーウィンが語りたくなかった事項の実態を飛躍的に明らかにした。しかし、その結果としてさらに難解になったものは多い。いまだに扱いが難しく定義を諦められつつあるもの、さらに専門用語として全く使われなくなっているものもある。生物のバラつきやメカニズムを言語化する苦悩は解消されておらず、序章で述べたように生物学者同士でも少し分野が異なれば共有できない語彙もある。一般社会での生物についての誤解・不理解はむしろ深まっているようにも思う。ダーウィンは、主要概念の定義を含め、多くのことがやがては決着し明らかになるだろうと考え未来の研究に期待していた。約一六〇年間の生物学の成果とそれらの概念についての社会の受容は、彼にとっては嬉しい誤算と憂うべき誤算の両方であろう。

種は便宜的で恣意的な概念でしかない

地球規模では多くの種が自然および人為的な影響で絶滅していると言われ、生物多様性維持の重要性が叫ばれている。[*4] 他方、毎年発見される種は数百から一万種を超える。約二五〇年前、生物分類体系の祖であるリンネが記録したのは約一万種と言われるが、現在では少なくとも二〇〇万種が登録されている。[*5] そして、地球上の陸棲、水棲の真核生物についてはそれぞれ約九〇パーセントの種がまだ発見されていないという推定もある（Mora et al. 2011）。最近、スマトラ島に生息するオランウータンの集団がこれまで知られていたオランウータン二種のどれとも異なる種であるという発表があり[*6]（Nater et al. 2017）、紀伊半島の一部地域で自生している桜は一〇〇年ぶりに野生種の新種でクマノザクラと命名された。[*7] では、そもそも種とはどういうものだろうか。

ダーウィンは他の学者の見解も示しながら、種と変種・品種（varieties）の違いについて議論し、区別は難しいとしている。むしろ、ダーウィンは種というものをあえて明確に定義していない。このことが当時そして後世の生物学者にとって大きな悩みの種となる。たしかに、ダーウィンの種に関する論述は曖昧と捉えることができ、種の境界について以下のように述べている。

種とは境界のかなりはっきりしたもので、どんなときでも、変異しつづける中間的連鎖があって解きがたいもつれをなしているようなものではないと、私は信じている。[*8]

当時の博物学者にとって、種として認識される「塊」は均質で変化しないものであり、種間の違いは明確であった。神によって創造されたのだからバラつきがあり境界線が曖昧では困るのだ。しかし、ダーウィンは、あらゆる種があくまでも〈過去〉には繋がっていたと考えることの妥当性を示したかった。おそらく、ダーウィンは種を理解できていなかったのではなく、そもそも種の定義自体に重きを置いていなかった。種を語らずとも、『種の起源』の目的は果たせると考えたのだ。彼にとって、種の定義そのものについては深入りするべき問題ではなかったという見方ができる（Mallet, 2010, 2013）。

私はここでは、種という述語に与えられてきた様々な定義について議論することもやめる。すべての博物学者を満足させた定義は、まだ一つもない。（中略）ふつうにはこの言葉は、特殊な創造行為という道の要素をふくんでいる。[*9]

なお、ダーウィンは種の下のカテゴリーとして亜種、そして変種を使っているが、現在、動物学では亜種、植物学では変種という言葉が使われている。品種とは、家畜および栽培植物で、人為的に交配を操作した結果、親世代とは異なる形質を持つ次世代以降の個体群ことである。変種とは自然界での人為的操作が無い状態での種内で差異と示すグループのことで、分類学上は亜種あるいはそれ以下の単位を意味すると考えられている。

種と亜種のあいだに、明確な境界線はまだひかれていない。亜種と十分はっきりした変種とのあいだ、あるいは程度の変種と個体的差異のあいだでも、同様である。[*10]

種の上のレベルの属は当時の博物学者そして現代の分類学者のほとんどは、便宜的なものであると認識している。ダーウィンは、種についても類似した特徴を持つ個体に対して便宜的に使われているにすぎないと考えた。強調されるのは、個体が示す差異に注目する重要さと、個体群間の形質の連続性による境界の曖昧さである。

ある生物を種とするか変種とするかを決定するには、健全な判断力と豊富な経験とを持つ博物学者の意見の他には、頼りになるものがないように思われる。[*11]

確かに、当時は遺伝の実態は明らかになっておらず、形態的な特徴が示す類似・差異の程度を識者が判断するしかなかった。遺伝情報を担うのがDNAでありその構造が明らかになるのは、二〇世紀半ばの集団遺伝学・分子遺伝学の発展による。ところが、遺伝子という「客観的」な物差しを得た後も現在に至るまで種とは何なのかについての議論は続いている。博物学者が認識する「生物の塊」やその境界は、遺伝子で定量的に単純に決められるものではない。種の定義は二〇以上も提案され、あらゆる生命に共通して当てはまり共有できる種の定義はない（Mayden, 1997）。

生物学的種と系統学的種

主な種の定義とされてきたのはエルンスト・マイヤーを中心に主張された「生物学的種の概念」である。これは、自然状態で潜在的にあるいは実質的に交配可能でその子供が繁殖可能な個体が属するグループのことを意味する。繁殖の隔離には、通常は地理的な分布の隔離が前提となる。分離した集団間に遺伝子の交換がなく、また別々のランダムな遺伝子浮動（遺伝子の変化）が蓄積した結果として繁殖の隔離が起こると考えられた。ここで、「種とは遺伝子のプール（かたまり）であり、その中では互いに交配するが、他の集団の個体とはうまく交配できないような個体群のことである（Mayr, 1942）。

しかし、この定義を適用できない場合は多い。まず、無性生殖の生物には当てはまらない。また、数多くの植物や少なからず動物の中にも、雑種は存在する。また、地理的な隔離はなくとも、マイダスシクリッドという魚では同所的に極めて近い異なる種が存在する（Barluenga et al., 2006）。繁殖隔離のメカニズムには、身体の物理的構造、染色体や胚の成長の不具合、交配相手として認知機能、地理的な条件など様々あり、単純ではない。普遍的な「生殖を可能にする遺伝子」も「生殖隔離の遺伝子」も見つかっていない。さらに、化石生物に関しては、繁殖隔離を調べる術は全くない。

例えば、現生人の種はホモ・サピエンスであり、その起源は古くとも約三〇万年前とされる（e.g. Schlebusch et al., 2017）。生物学的種の概念によると、もしタイムマシーンで三〇万年前に遡ることができるなら、私たちは起源当時のホモ・サピエンスと交配できることになる。絶滅したホモ・ネアンデルターレンシス（Homo neanderthalensis, いわゆるネアンデルタール人）は、ホモ・サピエンスとは別種である。ただし、半世紀前まではホモ・サピエンスの亜種（Homo sapiens neanderthalensis）とも考えられていた。ホモ・ネアンデルターレンシスの頭蓋や骨格におけるホモ・サピエンスとの違いは顕著であり、古代DNA（化石から採取されるDNA）の分析からは、約七五－五五万年前にはホモ・サピエンスとの共通祖先から分岐したと推定される（Meyer et al. ,2016）。しかし、この二種は約七万五〇〇〇～五万年前に遺伝子を交換していた、つまり交配していた時期があることが明らかになっている（Kuhlwilm et al., 2016）。となると、厳密な生物学的種の定義ではホモ・サピエンスとネアンデルタール人とは別種ではなくなる。

ダーウィンは繁殖可能性が、種と変種を区別するとは考えていなかった。[*12] だが、交雑とその多様性は、種の定義とは別に、彼にとって興味深い問題であった。繁殖不能には、異なる種の交雑不能と雑種の子孫の繁殖能力の欠損の二種類あり、彼はいずれのタイプにおいても、そして植物、動物の両方で稔性の多様性を認識している。簡単に雑種ができてしまうことは、生物にとっておそらく不利益であるだろう、だが、雑種の繁殖力はゼロから、環境によっては元の種を超えるものまでバラつきがある。したがって、種間の交雑を阻害する何らかの因子があり、自然選択が関与している可能性を考えた。

交雑の多様性について、例えば、ラバはメスの馬とオスのロバの雑種であり、成体にまで成長するが、その配偶子は機能せず不妊である。イヌ科のオオカミとコヨーテは、見た目が異なり別種として認識されているが、自然界でも分布が重なる地域では交雑が起こり、さらにその子供は繁殖能力がある。異なる二種の雑種が、新しい系統の祖先となり環境によって適応放散するような進化も、植物、昆虫そして両生類などで知られている。まず、雑種が稔性には問題なく、遺伝子の組み合わせが局所的な環境での適応度が高い場合、また稔性は低いが遺伝子組み替えが起こって適応的になるなど、色々なケースが明らかになってきている。

進化遺伝学の分野の発展では、種分化に繋がる不稔のメカニズムと過程と選択圧についての研究が、まだ十分とは言えないまでも進んできている。ショウジョウバエでは六つの遺伝子が雑種の不稔の原因となることが明らかになった。そして、これらの遺伝子が急速に拡散した可能性、さらにこのような遺伝子の進化が自然選択によって促進された可能性が指摘されている。一例として、モンキーフラワーと呼ばれるミゾホオズキ科の花では、ハチあるいはハチドリが特定のモンキーフラワーの種だけを訪れて受粉し、誤りはほとんどない。従って、二種の花の間の遺伝子の交流は、同じ地域に生息していたとしても受粉媒介の生物によってほぼ完璧に遮断されており、これは自然選択によると考えられる（Orr, 2009）。これによって、ダーウィンが考えたように、新しい種類への分化の過程で、不稔に自然選択が関与している可能性が示されたと言える。

もう一つの主な定義が系統学的種の概念である。この定義は、繁殖にはこだわらず、同じ起源を持ち固有の派生的形質を示す単系等の個体群を示す。交配可能性についての制限を無くし歴史的共通性が強調され、過去の生物にも当てはめることが可能となる。この定義だと、頭蓋や骨格が異なるとされるネアンデルタール人はホモ・サピエンスとは別種となる。しかし、どの程度の形質の違いをもって別種とするかについて生物全般で判断することは難しい。当然ながら、現生の生物だけ見ても、生物学的種概念と系統的種概念で数えた場合の種の数は大きく異なってくる。

多様な定義が長年にわたって議論されているということから、種の問題の本質が分析の技術や実用性ではないことは明らかである。種とは果たして実在するのか、単なる人間の自然界を捉える際にそのバラつきを離散的に捉える「脳のクセ」なのかということなのだ。この議論については進化生物学・分類学者の三中信広氏の論考でまとめられている。ダーウィンは、種が自然なものでなく、ヒトが認知的に切り出すことによって存在するということを理解していた。時間軸上の一断面を見た場合に限り、離散的なカテゴリーに見える種については繁殖可能性が指標になり得るが、歴史や由来を考慮すると連続している、と考えられる（三中、一九九九）。

『種の起源』の謎

それでは、なぜ『種の起源』なのか。また、曖昧なままで種という言葉をなぜ多用したのか。これについて三中らは、ダーウィンの「苦肉の策」であったと推察している（Beatty, 1985; 三中、一九九九）。想定される『種の起源』の読者の多くは博物学者である。従って、あえて彼らの通常の思考法に合わせ、なおかつ、連続する生物という革新的な考えを提示するために、ギリギリの攻防をしたというのだ。ただし、種の区別をしてしまう「博物学者」には明らかにダーウィン自身が含まれていた。つまり、ダーウィンにも種が見えていた。自然界のバラつきについての情報処理、この「切り出し」作業と密接な関係にあるのが、人間の言語を可能とする主な認知能力である象徴思考と考えられ、これについては本書の第4章で考察する。

すべての博物学者を満足させた（種の）定義は一つもない。だがそれでも、博物学者ならだれでも種についてのべるときには、それがどんな意味であるかを、漠然とは知っている。[*13]

近年では「頭の中にある種」についてダーウィンの先見が支持されてきている。種というものが特定の特徴によって定義できない、つまり「自然物」として実在しない便宜上の恣意的な概念であることを認めるパラダイムシフト、また、種を進化するメタ集団として捉え、既存の種の定義で使われてきた特徴は二次的なものとする考え方も提示されている（De Queiroz, 2007）。

われわれは、種の起源に関して、この書物で述べられた見解、あるいはそれらと同様の見解が一般に受容されるにいたったときには、博物学に重大な革命が起こるであろうことを、おぼろげながら予見できる。分類学者は現在と同様に自分の仕事を進めていくことができるが、ただ、あれこれの種類が本質において種（第五版：本当の種）であるかという、はっきりしない疑問に絶えず悩まされることがなくなるであろう。[*14]

種の問題で悩むのをやめたとしても、現実問題としては、生物のバラつきの状態を把握しその変化を分析できる便宜上の何らかのユニットが必要とされている。それには、やはり遺伝子情報を指標とするのが実用的と考えられる。現在、特に栽培植物については、地理的分布や形態的特徴から、別種・別品種が疑われる個体群について、多数の遺伝的マーカーの頻度を近縁の個体群と比較し統計的に解析し、どのくらい同じ遺伝子を共有しているかどうかを分析するアサインメントテストが有効と考えられている（Edwards and Knowles, 2014）。この際、博物学者が種を切り取る際に使う生態学的、形態学的、生理学的な指標とは異なるものとなり得る。

遺伝の実態——液状か粒状か

定義には深入りしないと割り切っていたダーウィンだが、種というものが明確でないなら、種の分化に自然選択がどのように関わっていたのか理解しようがないという批判は避けられなかった。まず、種が不変でありそのバラつきが無意味なものであるという創造説を信じる人たちにとっては、種の変化のメカニズムである唯物論的自然選択の理論は虚言でしかなかった。種内の変異と種が変化することを認めた人たちにとっても、バラつきとその容態の変化、その継承について実態がわからないと、自然選択は簡単には理解できなかった。

遺伝に関する法則は全くわかっていない。[*15]

一九世紀後半まで両親の形質は子供で中間形をとると考えられていた。遺伝物質を液・ジェル状のものと想定する融合説である。融合説では、生物の特徴の変異とその世代を超えた継承についての考察は当然ながら行き詰まってしまう。例えば黒色の毛皮の雄クマと白色の毛皮の雌クマがいたとする。そしてその毛皮の色が液体状の遺伝物質によって決定されるとする。すると二匹が交配して子供ができたならその毛皮は灰色になる。では黒色と白色それぞれを創り出した遺伝物質は消失してしまうのか。変異の存在に注目し、その変異の容態の変化が進化である、というのがダーウィンの考えであって、変異が世代を超えてなくなるという融合遺伝説は、メカニズムの自然選択どころか進化そのものを不可能にしてしまう（Magnello, 2001）。

集団遺伝学の発展により二〇世紀半ばに確立された総合説（ネオダーウィニズム）では、ダーウィンの自然選択による進化とメンデルによる遺伝についての発見（Mendel, 1866）が統合された。両者の知見が出会うのに残念ながら、半世紀近くかかってしまった。エンドウマメの実験で有名なメンデルの最大の貢献は、形質を表現させる遺伝物質が液状ではなく粒子状であること、粒子状の遺伝情報を持つ遺伝子が世代を超えて継承されるという、粒子遺伝を明らかにしたことである。その遺伝情報が各世代で表現されるかどうかは、組み合わせによって変わる。これによって、隔世で表現される形質も説明できる。形質のバラつきの原因が融合によって消滅せず世代を超えて受け継がれることで、人為選択のメカニズム、延いては自然選択が理解できるようになるのである。

なお、形質には、その集団内の分布が、例えばエンドウマメの皮の表面のシワの有無のように離散的なものがあり、その多くは少数の遺伝子によってコントロールされている。身長や体重のように連続的なものは、複数の遺伝的因子によってコントロールされ、さらに複数の環境要因にも影響されている場合が多い。また、複数の遺伝子が独立ではなく連鎖して次世代に繋がる非メンデル性の遺伝もある。

遺伝情報発現の多様性

遺伝学の発展は、実態解明とともにさらなる謎をもたらしている。まず、遺伝情報が遺伝子、DNAによって媒介されることが明らかになったことで、生物の進化―共通の由来は完全に証明された。そして、自然選択の作用を証明する遺伝子と様々な表現型の関係についても続々と解明されてきている。例えば、ガラパゴスフィンチのクチバシの形の遺伝的基盤の発見である（Lamichhaney et al.,2015）。周知の通り、クチバシの形態の多様性はダーウィンの自然選択説の発想へと繋がった。行動についても、例えば、野生のハタネズミの雄の繁殖行動のバラつきが遺伝的に影響されることがわかった。

これらの「遺伝的影響」とは、その表現型を決定する遺伝子の有無という単純なものではない。さらなるバラつきの要素を理解する必要があるのだ。クチバシに関しては、HMGA2遺伝子を含むゲノム部位に変異があり、どのタイプかによってクチバシが尖っているか否かが決まる。ハタネズミの繁殖行動に関与するヴァゾプレッシンというホルモンの活動は受容体によって仲介されており、その受容体には三種類ある。それら受容体は脳内で配置される場所も機能も異なる。その中のV1a（vasopressin 1a receptor）の遺伝子の中のノンコーディング部位（アミノ酸を規定せず、タンパク質に翻訳されない）が多型を示す。雄が一夫一妻様のペアを作る行動を示すには、特定部位のV1aの遺伝子が発現していなくてはならず、遺伝子操作で行動を変化させることが可能である（Lim et al., 2004）。

遺伝子の発現（スイッチのオン・オフ）は、遺伝子情報が伝わる複数の段階で調整されており、同じ塩基配列であってもその表現は一義的に決定しない。このような塩基配列とは独立な機構による遺伝子表現の制御と変化について、近年急激に発展している研究領域がエピジェネティクスである。遺伝子表現は一生の間にも変化し、一卵性の双子であってもその表現は別々に変化し加齢とともに両者の違いは大きくなる（Fraga et al. 2005）。特に環境が異なれば違いは大きくなる。二〇一八年三月、アメリカ航空宇宙局（NASA）の宇宙飛行士の双子（スコットとマーク・ケリー）の研究成果の予備的報告があった。スコットは一年間宇宙生活を体験し、その間、ケリーは地上勤務だったその前後で二人の遺伝子がどのように変化するのかという調査をしたのである。研究成果から約七パーセントの「遺伝子の表現の仕方」で違いが判明した。[16]

ダーウィンは、飼育下の動植物で親世代の生活した状況で生じた形質のバラつきの全てではないにしても一部が遺伝によって親から子供に受け継がれると推察していた。これは「用不用の遺伝」ともいわれ、例として飛べない鳥の羽や穴を掘るもぐらや齧歯類の目をあげている。生活に「不用」な形質が漸次的に退化したのに加え、「不用」なものがそれぞれの生物の利益となる自然選択が働いた可能性を指摘した。

家畜においては使用が一定の局部を強くし、また大きくすること、不用は小さくすること、そしてこれらの変化が遺伝することはほとんど疑いないと、考える。[17]

このメカニズムについて、ダーウィンは第五版以降では、先ほどの遺伝の法則に関する文の「全くわかっていない」を「大部分がわかっていない」にかえ、パンゲネシスという遺伝論を展開した。これは、動植物の体の各部・各器官の細胞には自己増殖性の粒子であるジェミュール（gemmule）が含まれているとし、この「粒子」が各部において獲得した形質の情報を内部にため、その後に血管や道管を通して生殖細胞に集まり、それが子孫に伝えられ、子孫においてまた体の各器官に分散していって、親の特徴・形質が伝わるのだとする説である。ダーウィン以前にも似たような考え方はあった。

このジェミエールの想定は遺伝の融合説内であるためメンデル遺伝とは根本的に異なる。ダーウィンの意図は、融合説で世代を超えて消えて無くなってしまう変異を何とか維持し存続させるということとであった。親が獲得した特徴や繰り返される習性の一部が、子供に影響するはずと考えたのである。この獲得形質の遺伝の可能性はオーギュスト・ワイズマンの研究によって、体細胞が「経験された」情報は遺伝子によって次世代へとは伝わらないとして完全に否定され、このことが総合説（ネオダーウィニズム）の主要基盤となった（Mayr, 2004）。

しかし、近年では一生の間に変化した遺伝子表現が次世代以降に影響を与えることが、植物や線虫（線形動物）ではよく知られた事実となり、哺乳類や人間においてどの程度のものなのかについても注目が集まっている。母親が妊娠の特定期間に飢餓などのストレスを受けた場合とそうでない場合で、子供そして孫世代の体格や糖尿病の発症リスクにおいて差がでることが知られており、人間では一九四四～五年のオランダでの飢饉の例が有名である（Veenendaal et al. 2013）。親世代が経験した環境の影響が世代を超えて伝わるメカニズムとして遺伝子表現を変えるメチル化やヒストンの影響が、どの程度〈生殖細胞〉を通じて次世代に伝わるのかについては、さらに厳密な検討が必要である（Szyf, 2015; Wei et al. 2015）。

ダーウィンのパンゲネシスはラマルクの提唱した獲得形質の遺伝的考え方との類似を指摘されることもある。しかし、ラマルクの説では、変異が生じる原因としては、生物の内的な「変わろうとする力」を想定しているという点で、ダーウィンの考え方とは異なる。また、獲得形質の遺伝をメカニズムとして種は変化するとラマルクは考えていたが、当時の常識として創造物である種というものの絶滅も想定していなかった。したがって、ラマルクの進化はダーウィンが考えたような幹からの枝分かれや途中で途絶えるものはなく変態（transformation）と呼ぶべきものである（Mayr, 1942; 1972）。

なお、ダーウィンの提案した樹状の生命観では、各枝は途中で交差したり連結したりしてもつれ合うことは想定しない。[*18] しかし、遺伝子レベルでの個々の枝分かれは必ずしも同じではない。したがって、それらをまとめて描いた図は複雑な網状を呈すことになる（Abbott and Riesberg, 2012;Arnold et al. 2011）。

適者生存という言葉の選択

種が変化することについては、ある程度の理解を得られたダーウィンだったが、自信を持って提示した自然選択という進化のメカニズムについては、科学者や知識層にも理解されなかった。遺伝の実態が不明だったということに加え、厄介な問題は「選択」という言葉の一般的な理解のされ方にあった。そして、その対策として改訂版で自然選択を同義であるかのように〈（最）適者生存〉という言葉を使ってしまい、後世の人達にますます誤解されてしまうこととなる。

たとえ軽微ではあっても他のものに対し何らかの利点となるものを持つ個体は、生存の機会と、同類を増やす機会とに最も恵まれるのであろうとは、考えることができないであろうか。他方、ごくわずかの程度にでも有毒な変異は、厳重にして去られていくことも確かであるように感じられる。このように、有利な変異が保存され、有害な変異が棄て去られていくことを指して、私は、〈自然選択〉とよぶのである。[*19]

「最適者生存」という言葉は種の起源の第五版（一八六九刊）から登場する。[20]

第四章　自然選択すなわち最適者生存。[21]

この言葉は「種の起源」後、ハーバード・スペンサーによって世に出された言葉である。彼は、ダーウィンの自然選択による進化を大いに気に入り人間社会にも応用できると考え、社会ダーウィニズムを提唱した（Spencer, 1862, 1864）。この思想については、本書第2章でも取り上げる。実は、友人で高名な地質学者チャールズ・ライエルへの手紙で吐露しているように、ダーウィンはスペンサーの主義主張および人柄をとても嫌っていた。

たった今、彼の人口論についてのエッセイを読んだ。その中で、彼は生命について議論し、繁殖についておぞましい馬鹿げた仮説を述べている。[22]

では、どうしてこの忌み嫌うスペンサーという人物の言葉がダーウィンによって採用されるようになったのか。その経緯には、当時の時代背景と「言葉」の使い方を考慮する必要がある。ダーウィン自身、自然選択についての理解が『種の起源』出版後になかなか浸透してこないことにとても悩んでいた。当時の著名な動物学者アサ・グレイ博士から「植物を選択するなんて絶対に不可能だ。」という批判さえあった。[23]

さらに、共同発表者であるアルフレッド・ラッセル・ウォレスが自然選択という言葉を気に入らなかったのである。ダーウィンへの書簡の中で、ウォレスはダーウィンが自然選択という自然現象の説明なのに、「好む」「選ぶ」など擬人的な表現を使い過ぎているので、「意図」を持つ「意識的」で「知的な活動」と捉えられかねず、知識層の読者でも困惑し誤解してしまうと何度も指摘した。そこで、彼はダーウィンにスペンサーの適者生存に置き換えることを提案する（Paul, 1988）。

自然選択の理解が進むことを願ったダーウィンは、適者生存というスペンサーの言葉を同義として使い始める。だが、実際には、さらに大きな社会的な意味を含有することになり、ダーウィンはますます誤解されることになる。ここでも浮かび上がるのは、言葉による生物学の表現の難しさである。科学であっても比喩的な表現を使わざるを得ない、また人間以外の現象であっても擬人的表現は避けられない。だが、おそらく地球の自転や公転については〈回る〉ことに「地球の意思」を議論する人はほとんどいないだろう。しかし、生物学、特に神の創造の有無に関わる現象の説明には、このような「比喩」の問題が深刻となり得る。

自然選択は、人為選択と対比することによって科学的論理的に秀逸に説明されるメカニズムである。栽培植物や家畜において、形質（形態や、能力・性質など）は人為的な繁殖によって頻度が増えたり減ったりする。そのような、異なる繁殖の仕方が自然界で、それぞれの環境で起こっているということに尽きるのである。だが、適者生存に置き換えてしまうと、この対比による説明効果が格段に下がり、わかりにくくなり誤って伝わる可能性を高める。

問題点は、ダーウィンが提案した「変異の様態の変化するメカニズム」が、優位なものを残す、あるいは下等で障害のあるものを消去するという〈誰かの価値観に沿った〉「意図」を、「適者」という言葉にさらに感じさせてしまうことにある。なお、日本語の場合、Natural Selectionは自然淘汰あるいは自然選択と訳され、後者が専門用語として使われている。「淘汰」は悪いものを取り除く、「選択」は意識的に選んで残すというニュアンスがどうしてもあるため、言葉の使い方によって微妙な違いを感じてしまう人もいるだろう。

適者生存は、反ダーウィン派、特に創造説擁護の人達にとって格好の攻撃材料となる。それは、語句の同語反復（トートロジー）性で、「適者が生き残るのは当然だから、適者生存は何も意味しない」となる。これにより、進化そのものが間違いであるという主張もある。しかしながら、まず、本来の自然選択は進化のメカニズムについての理論であり、適者生存が不適切な表現という理由で進化は否定されない。また、自然選択は、個体の生き残りではなく、個体の生存繁殖に影響を与える形質レベルでの頻度増減に関わる。さらに、繁殖で残っていく形質の中には適応形質だけではなく中立的なものも含まれるので、適者（という形質）だけが生存するのではない。

ダーウィンが適者生存を容認してしまったのは、このような生存競争には「中立的な」変異、その頻度増減への認識が十分でなかったためとも考えられる。遺伝の実態について知らなかったこともあり、生物の特徴のバラつき状態とその変化について自然選択を過度に重視している。バラつきはそもそもランダムに生じる変異が源となるのだが、その偶然性についての深い考察はされていない。

一九六〇〜七〇年代には、分子レベルの進化が自然選択をメカニズムとせず、適応的に中立な突然変異と遺伝的浮動によって起こることが明らかになる。これが木村資生の中立説である（Kimura, 1968）。

集団が小集団である場合、自然選択によらずとも形質の頻度変化、つまり進化は適応とは無関係に起こり、遺伝的浮動が続いた場合、元の集団とは大きく遺伝子や形質頻度の異なる種分化も起こる。矢原（一九九九）によるとダーウィンの著作からは、中立進化に繋がるような偶然の確率的変動の重要性を認識していたことがわかる。しかし、当時の統計学と遺伝学の限界もあり、主な進化のメカニズムとして考慮するまでには至らなかった。また、ダーウィンにとって自然選択という大きなアドバルーンを上げているのだから、最初から偶然や中立の現象を想定するのではなく、生存競争にとっての意義をまずは考えてみようという彼の姿勢は納得できる。

なお、『人間の進化と性淘汰』（一八七一）で、ダーウィンは以下のように述べている。

私は、『種の起源』の初期の版では、自然淘汰または最適者の生存にあまりにも重きを置きすぎたきらいがあったことを認めよう。『種の起源』の第五版では表現を変え、私の考えを適応的な構造の変化にのみ止めるようにした。私は以前、私たちが判断する限りにおいて、有利でも不利でもなさそうな多くの構造の存在については十分な注意を払ってこなかったが、このことは、私の研究のなかでこれまでに見つけられた誤りのなかの最大のものであると思われる。私には、二つのはっきりした目的があったということを、言い訳としてもよいだろう。一つは、種はそれぞれが独立に想像されたのではないことを示すこと、もう一つは、その変化の主たる要因は自然淘汰であることを示すことであった。[*24]

本能

心的能力についてもダーウィンは『種の起源』でその起源の問題には触れないと宣言し、本能という言葉についてもあえて定義をしていない。

私はまず最初に、心の能力がはじめいかにして生じたかについては、生命そのものの起源についてと同じように、あつかうつもりがないことをいっておかねばならない。[*25]

私は本能について定義をくだすつもりはない。いくつかの異なった心理作用がこの語でひっくるめられていることを示すのは、たやすいことであろうと思われる。[*26]

本能は現在でも一般的によく使われる言葉ではあるが、心理や行動を扱うほとんどの学問領域で専門用語として使われなくなって久しい。当時すでに心的活動や行動について、本能、習性、性向など、どれが遺伝的に獲得されるのか、成長後に発現するあるいは、生後獲得される場合は含まれるのかなど、曖昧で多様な意味を持つ語句が複数あった。

モーツァルトが三歳のとき、おどろくべきわずかの練習でピアノを弾いたのではなく、まったく練習なしにある曲を演奏したのであったならば、かれは本能的にそれをしたのであると、真にそういうことができるであろう。しかし、大多数の本能が習性により一世代で獲得され、後続の世代に遺伝で伝えられたと想像するのは、最も重大な誤りであろう。[27]

厄介な本能についてダーウィンが、第六章「学説の難点」とは別の章を立て論じるには理由があった。生物の形態についてはその進化や変異の自然選択的説明は受け入れた人たちにとっても、行動や心の働きにまで「自然の力」と漸次的な「連続性」を同じように適用することについては、拒絶反応が大きかった。しかし、ダーウィンは自分の理論に例外を想定したくなかったのである。彼は、行動や心の働きが自然選択の対象となり得ることを、形態の特徴同様に家畜の犬などでの人為選択との類比での説明を展開する。

家畜の心理的能力が変異するものであり、またその変異は遺伝するものである……（中略）自然状態のもとで軽微な変異をすることを示そうと試みた。（中略）変化する生活条件のもとで自然選択が本能の軽微な変化を、ある範囲で、またある有用の方向に、集積していくことに全く困難があると思われない。[28]

「自然は飛躍しない」という格言は、身体的器官にも本能にも、ほとんど同等の力を持って適用される。[29]

本能にはびっくりさせられるものがいろいろあるが、その本能も、継起する軽微な、だが有用な諸変化に自然選択がはたらくという学説によるなら、身体的特徴よりも大きな難題を提起するものとはならない。[*30]

自然状態の本能については、アリやミツバチの行動などを取り上げて検討している。そこで、ダーウィンは一見して個体の行動が自身への利益にならないようなハチが協働して複雑な造りの巣を作り上げることや、不妊の働きアリはどうして存在するのかと疑問を持つ。個体レベルで働く自然選択での説明が難しいと考えた彼はそのような社会性については「家系選択」とも言え、後の血縁選択理論[*31]（Hamilton, 1964; Trivers, 1985）を予言する解説をしている。

選択は個体とともに家族にも作用しうるものであって……。[*32]

利他的に見える行動でも、血縁が近い個体間であれば、個体に何らかの利益をもたらす可能性があり、やはり選択によって漸進的に行動の傾向が蓄積されていくと推測したのである。

本能が現在の生活条件のもとでおのおのの種の幸福のために、身体的な構造と同等の重要性をもつものであることは、普遍的に認められるであろう。[*33]

本能の進化について、ダーウィンがこのように「種の幸福（welfare of species）」という語句も使うことから、集団選択（群淘汰）説への支持が反映されるという議論がある。集団選択（群淘汰）の理論は次のように要約できる。個体は所属する集団の成功のため、自らを犠牲にする。そのような個体の多い集団がそうでない集団よりも集団（あるいは種）の適応度が高く頻度が増える、つまり進化するというものである。矢原（一九九九）によると、ダーウィンは例えば道徳感情について種レベルの選択には検証が必要と考え慎重だったという。進化の主なメカニズムとしての集団選択（群淘汰）は、野生状態では個体の集団間の行き来があることや、また自己犠牲する個体の遺伝的基盤の継承の説明に問題があることから、ジョージ・ウイリアムズらによって、明確に否定された（Williams ed., 1971）。一方、「集団のために働く個人」という考え方は、社会学者のエミール・デュルケームが語った社会分業および道徳観（Durkheim, 1893）と呼応して一般社会へ広まっていく。自己の存在意義を「種の保存のため」＝「社会のため」とする考え方は心地良く響くのだが、これは人間が「社会の利益」という概念を持つことができるからである。

さて、動物の本能についての、ダーウィンの想像力に富む表現は興味深い。

> イングランドでは、大きな鳥は小さい鳥より荒々しい……。大きな鳥は人間から最も迫害を受けてきたためである。わが国にいる大きな鳥では野蛮性がいちじるしいということを、この原因に帰して間違いはないと思う。*34

彼は同種の他個体のためだけではなく、他の種のためになるような行動や、他の種を搾取するように見られる行動に特に「奴隷」をつくる本能にも興味を示している。ヤマアリの一種が体の小さい他のアリを奴隷にして働かせることについて知った際の驚きについてもかなり感情的に表現している。

奴隷をつくる本能というような、かくも異常で嫌悪すべきものが真実であることをうたがうのは、なんぴとにも許されてよいことであろう。[*35]

そして、奴隷をつくる行動において考察の末、自然選択による説明が可能だとしている。

おのおのの変化がつねにその種にとって有用であったと仮定して、(中略)奴隷に卑劣に依存するアリの形成にいたらせたとすることに全く難点はないように私には思われる。[*36]

では、そもそもどのようにして様々な心的特性がそれぞれの動物に現れるようになったかについて、ダーウィンは創造によるデザインを否定し、偶然性で説明する。そして、カッコウの雌が他の鳥の巣に卵を託す行動を例にして、最初は間違いから始まったという可能性を述べている。

これらの心理的習性および行動は、最初には、われわれが無知のために偶然とよぶほかないもののから現れてきたものである。[*37]

なお、ウォレスはダーウィンとは異なり、特に人間について生まれながらの性質や能力としての本能の適応性については懐疑的だった。そして、人間の心的活動は進化とは無関係という立場を取ったことでダーウィンを怒らせ、社会からの批判はさほど受けずに済む。この両者の考え方の違いは、それぞれの生い立ちや社会的環境が影響しているとも考えられる（Gross, 2010）。ウォレスについては、本書第2章でも取り上げる。

連続と不連続（化石と地理的分布）

生物種が不変であるとする考え方には、生物の「連続性」を主張するものと「不連続」であると考えるものがある。プラトン、アリストテレスらの思想に始まり、中世以降の生命感に多大な影響を与えた「存在の偉大なる鎖」では、生き物の種類の間には創造の産物なので明確なギャップがある一方で、生き物全体は下方から上方へ積み重ねられた階層に組み込まれており、生物間に隙間はあるものの「連続」であると考えた。これによると、生物の絶滅は想定外となる。創造された生き物が消滅するとは神の失敗を意味するからである。

ダーウィンの『種の起源』は、全く違う意味で生物の連続性と不連続性を説いている。共通の由来による過去から現在に至るまでの生物の連続性を示唆し、生物の絶滅という不連続性を認め、さらに生物の古い種類の絶滅と新しい種類の生物の誕生とには密接な関係があると考えた。つまり、連続性と不連続性の両方を同じ自然選択というメカニズムで説明する非常に画期的なものだった。

『種の起源』の初版当時は、創造説が常識であったが、第六版執筆の頃には、種が変化する進化を

「種の普遍性に疑問を抱き始めた」博物学者は認めるようになった。生物が示す変異を直視した時、神による創造という「普遍的」説明にはほころびが当然ながらでてくる。そこで、創造説支持者も生物の示す変異の全てが創造の産物とは言えなくなり、一部が真の創造によるもので、他は単なる変異であると唱え始める者もいた。だが、どれが真の創造物なのか。

生物ごとあるいは個体ごとの継ぎはぎの説明ではなく、遠い過去から現在まで普遍的法則の存在をダーウィンが想定したのには、数学や物理学の影響、そして何より地質学の影響がある。

（しかし、）一つの種から他のちがった種を誕生させたということを、われわれがとかくみとめたがらないおもな理由は、中間的な諸段階の知られていないない大きな変化をみとめるにはひまがかかるということである。その困難は、海岸の波の徐々の作用で内陸にながくつづく断崖ができたり大きな谷がほられたりしたのだということをライエルがはじめて主張したときに、多くの地質学者が感じたものとおなじである。われわれの心はたぶん何億年という言葉の完全な意味を把握することはできないであろうし、またほとんど無数といってよい世代のあいだに集積した数多くの軽微な変異を加えあわせてその完全な効果を知るということもできない。*38

ジェームズ・ハットンが一八世紀に提唱した地質学の「斉一説」（現在は過去を解く鍵）は、ライエルの『地質学原理』（Lyell, 1830-33）によって広く普及した。この説は、一八世紀にジョルジュ・キュヴィエらが提唱した天変地異説を否定するものである。キュヴィエは、地層というものが存在し、地層ごとに構成する生物種が異なることを知った。そこで、生物の過去から現在までのバラつきの様態に不連続性を認める。種は不変であると信じていた彼は、異なる地層がそもそも形成される理由と生物層の不連続性は、複数の天変地異が起こったからと考えた。当時の生物の絶滅についての説明はキュビエの天変地異説ぐらいであった（Mayr, 1972）。

ライエルとの親交などを通して得た豊富な地質学的素養から、ダーウィンは、生物の存在説明には、漸進的な変化の普遍的法則とともに、聖書に書かれた数千年ではおさまらない長大な時間軸の想定が必要であることをわかっていた。もちろん、過去の記録が不十分で証拠となる中間種がほとんど確認できない。このことで、現存および過去の生物の多様な存在を共通祖先からの由来で説明することに批判を受けることを彼は予見していた。それでも、化石の証拠が不十分だということは、彼の考えを否定することにはならないという自信がダーウィンにはあった。

自然選択説は、どの新変種も、そして結局はどの新種も、それの競争相手となったものに足して何らか有利な点を持つことによって生じ、かつ維持され、そしてその結果として不利な方のものの絶滅がほとんど不可避的に起こるという確信のうえに、築かれている。[*39]

ここでの選択とは、厳密には個体間の生存競争に基づく自然選択ではない。ダーウィンは、「group of species（複数種の仲間）」という表現を使っており、矢原（一九九九）の解説によるとクレード淘汰という考え方で、古いグループの絶滅を説明しているという。[*40] クレードとは、新しいある性質を獲得した祖先から派生する単一の系統のことである。この考え方は、種をユニットとしたものではなく、マルチレベル淘汰と言える。特定の動物あるいは植物がどうして他の種類よりも繁栄するのかを、祖先が獲得した新しい変異の性質で説明できる可能性はある。ただし、クレード間の競争の想定には問題も指摘される（Doolittle, 2017）。

なお、地質学的な変化は全てが漸進的なものではなく、火山の噴火や巨大地震、彗星の衝突など突発的な出来事によって地表が急激に変化することにより、大量の生物が広範囲にわたって死滅することもある。このように、非生物学的な要因－気象や地殻変動等によって、特定の地域で競争相手もろとも急激に絶滅してしまう、つまり大量絶滅があることが認知されたのは二〇世紀後半になってからである。また、大規模な絶滅の後には、地質学的時間軸からすると「急激」に多くの新しい種類の生物が適応放散することが知られている。

進化と進歩

生物の進化について書かれた本、『種の起源』の原題は「自然選択による種の起源、あるいは生存競争における好ましいracesの保存」である。[*41] この題「あるいは」以降が様々な議論を呼ぶこととなる。タイトルにある「races」は人種のことではなく生物の「種類」「変種」のことを指す。しかし、残念ながら「races」を人種と誤解した人たちは、ダーウィンが人種差別や民族洗浄を科学的に支持したと主張する（e.g. Moore, 2017）。ここでも言葉がダーウィンのメッセージを理解する障害となる。

最後に、進化という言葉についてみてみよう。ダーウィニズムは、現在に至るまでの長い期間、この言葉の解釈によって翻弄されることとなる。進化が一般的に異なる意味で使われていることはすでに本書の序章で述べた。今日、この言葉は一般的に進歩・改良・複雑化・高等化という価値を伴っている。『種の起源』でダーウィンはevolutionという単語を最後の段落、その最後で一度しか使っていない。なお、evolveの語源は巻物が広がる様子である。変化についてはchange、modificationそしてdivergentを使った。また、progressやadvancementも使っている。それでは、ダーウィンは種が変化することについて、何かしら絶対的な基準を持って生物が「良くなる」と考えていたのだろうか。

現生の生物がむかしの生物より高度に発達（develop）しているものかどうかについては、多くの議論がなされてきた。博物学者は、高等の種類とか下等の種類とかいうことがどんな意味をもつかについて、いまだに互いに満足のいくような定義をあたえてはいないのである。[*42]

ダーウィンは高等・下等について広範に当てはまる物差しはないと考えたが、同じ環境の下で生存競争に有利な形質を持つようになった場合に限り、そうでない生物に比べれば「高等」とみなした。前進「progress」という言葉については、『種の起源』の中でダーウィンは単なる変化という意味での使い方をしているようである。ただし、最終章の最後のページのこの文には、生物が絶対的な「perfection（完璧）」という高みへ向かっている、つまり何か創造主の導きに従っているようなイメージとも受け取れる。

（そして）自然選択はただおのおのの生物の利益によって、またそのために、はたらくものであるから、身体的および心的の天性はことごとく「完成」へ向かって進歩する傾向を示すことになるであろう。*43

種の定義同様に、このような表現も、ダーウィンの読者向けの戦略だったのかもしれない。あとに続く最終段落では、そうではなく自然界の法則、成長と繁殖、遺伝、変異、生存競争という全く物質主義的な営みを強調して締め括っている。したがって、ダーウィンは『種の起源』で伝えたかったメッセージに、超自然的な創造主の存在や、生物が向かう絶対的なゴールのようなものを想定してはいなかっただろう。

人間を含めた生物の超自然的な存在による創造は、現在でも全世界的に信じられている。キリスト教徒に限らないものとして急激に広まっているのがインテリジェント・デザイン説で、創造説の現代版と言える。提唱者によると「あまりにも複雑で美しい姿をしている生命、例えば人間の目などは、自然に出来上がったのではなく誰かインテリジェントなデザイナーが創り上げたと想定しないと説明できない。」というものである。このような主張にはおそらく、ダーウィンは以下のように反論するであろう。

極度に完成化した複雑化した器官――……あらゆる種類の無類の仕掛けを持つ目が自然選択によってつくられたであろうであろうと想像するのは、この上なく不条理の事に思われる、ということを、私は率直に告白する。[*44]（第三版の挿入文：太陽は静止し世界はその周囲を巡ると最初にいわれたときには、人類の常識はそれを誤りであると宣言した。だが、『民衆の声は神の声』という古いことわざは、哲学者なら誰も知っているように、科学では信ずることはできない。[*45]）

新旧の創造説は世界各地で広く浸透しており、二〇〇六年の調査結果によると約半数のアメリカ国民は人間が進化したことを信じていない（Miller et al. 2006）。二〇〇七年にはケンタッキー州で創造博物館ができ、複数の州で学校の科学教育では、進化論について「対立意見」を教える自由を求める法案が審議されている（Ross, 2017）。様々な意見を議論することには意義があるが、全ての宗教の創造を教えることは不可能であるし、科学教育の範疇ではない。科学的に提示されない説を並列で教えることは、むしろ「なんでもあり」という考え方を押し付けることにもなる。なお、現米政権の中枢の政治家は進化論を公に否定している（Kaplan, 2016）。

現代の生物を対象とする学問分野の中で、人間に関わる領域では「進化は目的へ向かっての進歩であり、良くなることである」という誤解が広く浸透している。おそらく、植物や昆虫の研究者は、進化の意味の誤用で思い悩むことはないだろう。本来価値とは無縁で中立的な生物学用語である進化が、人間の自然界での位置、そして人間集団間の関係性を語る際には「崇高」にも「邪悪」にも使われてしまうことを、次章以降でみていこう。

＊1 チャールズ・ダーウィン『種の起原（上）』序言、一三ページ
＊2 『種の起原（上）』、序言、一五ページ
＊3 『種の起原（上）』、第六章、二四六ページ
＊4 WWFの報告によると毎年全種の約0.01-0.1%が絶滅している。
＊5 毎年約一万八〇〇〇の新しい種が発見される。International institute for Species Exploration参照。
＊6 *Pongo tapanuliensis*（Nater et al. 2017）
＊7 森林総合研究所　和歌山県林業試験場　プレス・リリース（二〇一八年三月一三日）
＊8 『種の起原（上）』第六章、二三一ページ
＊9 『種の起原（上）』第二章、六五ページ
＊10 『種の起原（上）』第二章、七四ページ
＊11 『種の起原（上）』第二章、六九ページ
＊12 『種の起原（上）』第八章、三五五－三五八ページ
＊13 『種の起原（上）』第二章、六五ページ
＊14 『種の起原（下）』第十四章、二五五ページ
＊15 『種の起原（上）』第一章、二七ページ
＊16 NASA's News Letter（Edwards and Abadie, Feb.1,updated April 4,2019）
＊17 『種の起原（上）』第五章、一七九ページ
＊18 『種の起原（上）』第四章の図、一五八－一五九ページ
＊19 『種の起原（上）』第四章、一一二ページ
＊20 最適者生存は八杉（岩波文庫改版）の翻訳。訳語としては、適者生存もある。
＊21 『種の起原（上）』第四章の訳者注（1）、三八七ページ
＊22 ダーウィンからライエルへの手紙（February 25, 1860）
＊23 ダーウィンからライエルへの手紙（September 28, 1860）
＊24 チャールズ・ダーウィン『人間の進化と性淘汰Ｉ』、長谷川眞理子・訳、一三四ページ（以下、『人間の進化と性淘汰』からの引用は文一総合出版の版による）
＊25 『種の起原（上）』第七章、二六九ページ
＊26 『種の起原（上）』第七章、二六九－二七〇ページ
＊27 『種の起原（上）』第七章、二七一ページ
＊28 『種の起原（上）』第七章、三一四ページ
＊29 『種の起原（上）』第七章、二七三ページ
＊30 『種の起原（下）』第十四章、二四三ページ
＊31 血縁選択理論：個体の繁殖成功とともにその個体の行動の影響を受ける遺伝子を共有する血縁者の繁殖成功を考慮する理論。これにより利他行動の進化が説明可能。
＊32 『種の起原（下）』第十四章、三〇七ページ
＊33 『種の起原（上）』第七章、二七二ページ
＊34 『種の起原（上）』第七章、二七五ページ
＊35 『種の起原（上）』第七章、二八六ページ
＊36 『種の起原（上）』第七章、二九一ページ

＊37 『種の起源（上）』第七章、二八一ページ

＊38 『種の起源（下）』第十四章、二五一－二五二ページ

＊39 『種の起源（下）』第十章、五七ページ

＊40 クレード淘汰―ある性質を獲得した系統が、その性質を獲得したがゆえに、他の系統よりも長い地質時間を通じて存続くし、より多数の系統を分岐するプロセス。矢原（一九九九）やWilliams（1992）を参照。

＊41 Charles Darwin［1859］, *On the Origin of Species by Means of Natural Selection, or the Preservation of Favoured Races in the Struggle for Life*, John Murray

＊42 『種の起源（下）』第十章、七六－七七ページ

＊43 『種の起源（下）』第十四章、二六一ページ

＊44 『種の起源（上）』第六章、二四二ページ

＊45 第三版での挿入文、『種の起源（上）』第六章、訳者注（32）、四〇一ページ

第2章

ダーウィンと周辺の人々

人間の変異と平等

本章では『種の起源』を離れ視野をより大きく取り、
ダーウィンとほぼ同時代の思想家、政治家、科学者たちの
人間観について概観する。
本書のキー概念である人間の「変異－バラつき」の理解と、
それらが存在する社会のあるべき姿について、
各人各様の葛藤、心の揺れ、そして「折り合い」のつけかたを見ていくことは、
今の時代に人間という動物の進化と現在を考える
私たちにとって大いなる刺激になるはずだ。

1　自然界の理解と人間観

一九世紀知識人の葛藤

この章では、ダーウィン、そして彼とほぼ同時代あるいは関係性が指摘されている著名人たち［図表2-1］の人間観について概観する。人間の心身と行動にはバラつきがあり、ほとんどの人にはそれが複数の塊の程を示すようにみえてしまう。特に、視覚に訴える特徴を伴った場合はなおさらである。その塊を縦に並べるのか横に並べるのか。縦に並べた場合、その順番は？　また、「完全なる心身の状態」あるいは「人間が目指す究極の姿」、正義や平等の想定とその根拠はどうだろうか。

残された記録の一部を読むだけで、人間のバラつきとその説明、そしてあるべき社会の姿についての、彼らの葛藤がうかがえる。ダーウィンの「自然選択による進化」を自然界の合理的説明だと理解したとしても、信仰と決別するわけにはいかない。何を受け入れ何を否定するのか。当時の未熟な自然科学的説明、その誤解あるいは抵抗と、個人的な背景が加わって、ダーウィンも含め各人はどうにか「折り合い」をつけていたようである。彼らの心の揺れを知ることは、現代の私たちがダーウィンの『種の起源』が提示した生物の基盤の人間への適用について考える際に有意義であろう。

チャールズ・ダーウィン――英国紳士そして科学者

ダーウィンは『種の起源』の中で人間についてほとんど語っていない。出版前一八五七年のウォレ

	出生−没年	出身（国籍）
アダム・スミス	1723−1790	イギリス
チャールズ・ライエル	1797−1875	イギリス
ルイ・アガシー	1807−1873	スイス／アメリカ
チャールズ・ダーウィン	1809−1882	イギリス
エイブラハム・リンカーン	1809−1865	アメリカ
カール・マルクス	1818−1883	ドイツ
ハーバート・スペンサー	1820−1903	イギリス
グレゴール・ヨハン・メンデル	1822−1884	（現在の）チェコ
フランシス・ガルトン	1822−1911	イギリス
アルフレッド・ラッセル・ウォレス	1823−1913	イギリス
エルンスト・H・P・A・ヘッケル	1834−1919	ドイツ
マーク・トウェイン	1835−1910	アメリカ
シグモンド・フロイト	1856−1939	オーストリア
エミール・デュルケーム	1858−1917	フランス
アルバート・アインシュタイン	1879−1955	ドイツ／アメリカ

［図表2-1］本章で扱うダーウィンと周辺の人々

スへの手紙では、社会の反響を予想してあえて火中に飛び込むつもりはないと述べている。

> 「人間」について私が語るつもりなのかとのお尋ねだが、私は、その問題自体を避けようと思う。偏見だらけだからだ。博物学者にとって、最も高貴で最も興味深い話題ではあるのだが。*1

しかしながら、知的好奇心旺盛な博物学者として避けられないこの問題に取り組んだダーウィンは『人間の進化と性淘汰』（一八七一）を出版する。

当時、人間の起源と多様な集団が示す形態、行動そして文化のバラつきの説明については大論争となっていた。人間が神による創造だとしても、単一の起源なのかどうか。また、他の動物から進化したことを認めた場合、そもそも人間は単一種なのか、そして、同じ祖先を持つのかという問題である。今日では信じがたいこのような議論が学者たちによって真剣に行われていた。ダーウィンは『人間の進化と性淘汰』の「第七章　人種について」で、自分の生物進化の考え方が受容されれば、早々にこれらの問題が決着するはずと考えた。そして、あえて人間が他の動物から進化したこと、文明人もかつては未開人であったこと、そして人間の心的活動、特に知性や道徳的性質についても動物の状態から進化したことについて述べる。ダーウィンの考えがいかに時代を先んじていたか、また、当時の一般の人たちにとっては受け入れるのが難しかったかが想像できる。

人種と呼ばれているものが変異なのか、それとも種なのか亜種なのかということ（は）、瑣末なことである。しかし、亜種というのは、最も適切な言葉であるかもしれない。最後に、進化の原理が一般に認められたときには、そしてそれはそれほど先のことではないに違いないが、単元論と多元論[2]の間の論争は、ひっそりと誰にも知られることなく消えて行くだろうと結論してかまわないだろう[3]。

人種の多元論とは、人間のバラつきに複数の明確に区別される人種あるいは民族・部族を認識し、それらの起源は別々であり独立の歴史をたどったという考え方である。このような考え方は、多くの土着神話の創世記に一般的な考え方である。一方で、一神教の創造説を基盤とするキリスト教およびユダヤ教圏では、もともとは単元論である。しかし、西洋人が未開地へ進出した大航海時代以降に、見かけや慣習・文化が著しく異なるようにみえる人間たちについてどう解釈したらいいのだろう、という疑念が深まる。まさか彼らの祖先が自分たちと同じアダムとイブであるはずがない。となると、異なるペアからの独立の起源を想定すればよい、という考え方である。キリスト教およびユダヤ教の聖書には書かれていないのだから、西洋人の身勝手なシナリオであって科学的根拠もない。この多元論を推進したのは当時の人類学者であった。一八六三年のロンドン人類学会とロンドン行動学会の分裂は、人間の起源と人種についての考え方についての論争が主な原因である。ダーウィンは単元論を支持する行動学会に、ウォレスは多元論とアメリカ南北戦争の南部連合を支持する人類学会に属していた（Rainger, 1978）。

二〇世紀後半になり、この論争は、ダーウィンが予言したように公の場からは消えていく。ただし、必ずしもダーウィンの科学的な共通の由来および進化の考え方が一般に受け入れられたからではない。ローマ教皇は聖書の内容から多元論を支持することはできないと表明している（McMahon, 2003）。とにかく聖書を信じようということのようだ。

では、共通の由来を持つ生物である人間が示すバラつきについてはどう説明するのか。ダーウィンが『種の起源』で生物全てが枝を伸ばす木のイメージで描かれるとした。現生の生物は横並びであって、縦に並べて順位をつけることはできない。また、人間という生き物の中のバラつきも同一の祖先から枝分かれしてきた結果である。したがって、人間の集団についても同様である。ただし『人間の進化と性淘汰』の中では、自然界における人間の位置について生物界での梯子状の進歩のイメージを持ち出し、生物が高みに向かって進歩し、人間が頂点にいるかのような表現も見受けられる。[*4]なお、ダーウィンは人種のバラつきの原因については、単純な生存競争による自然選択では説明できないと考えていた。生物の特徴全てが生存だけの有利・不利で淘汰の対象となるのではなく、繁殖の成功に関わる場合にも淘汰の対象となるということを示し、例えば頭部の形や皮膚の色の分布について性選択（性淘汰）による可能性を提示している。[*5]

紳士階級の家に生まれたダーウィンが内心で生物や人種をどう並べていたかは別として、彼の科学的説明を人類に適用するならこうである。生物間の差は淘汰による適応という特殊化の度合いを述べているにすぎない。その進化は、他の動植物同様に「進歩」や「高度化」という価値観とは無関係であり、決められた目的に向かって「進歩」しているのではなく、さらに特定の人間集団や人種が他よりも優位に立つ正当性を予言も肯定もできない。そして、ダーウィンは奴隷制に反対だった。

では、彼は純粋に論理的思考から差別を嫌っていたのだろうか。ダーウィンはビーグル号での旅の途中、南アメリカで見た奴隷制度、特に子供の売買を見て激怒する。

この（奴隷制度の）ような行為が、隣人をわが身のように愛すると自称し、神を信じ、神のご意志が地上にあまねく実現するよう祈っている人々のあいだでおこなわれ、しかも弁護されているのだ！　わたしと同じイギリス人とわがアメリカ人の末裔たちとが、高らかに自由を叫びつつも、今も昔もここまで罪深かったことを思うと、わたしの血は煮えたぎり、心がふるえる。[*6]

先述したようにダーウィンは『種の起源』で奴隷を持つアリに対する軽蔑の感情を表現しており、いかに人間が同様の制度を持つことを心から恥ずかしいと思っていたかがうかがえる。ダーウィンがあえて人間の起源と進化や人種について書くことを決めたのは、単に科学的真実の探求そして普及としてではないと推察するダーウィン研究者もいる（Desmond and Moore, 2009）。奴隷制度という非情な人間の社会を改革したいといういわば「隠された目的」があったからだというのだ。

ダーウィンにとって奴隷制の議論は幼い頃から身近なものだった。ダーウィンの母方の祖父、ジョサイア・ウェッジウッドは陶器メーカーウェッジウッドの創業者で、一七八七年に奴隷貿易反対運動のアイコンとなる陶器のメダル（カメオ）を作った。そのメダルには、鎖に繋がれた奴隷の像と「私は人間ではないのですか？　あなたの同胞なのではないのですか？」という問いが刻まれている。イギリスでは、一八世紀後半には奴隷制度反対の声が高まり、一八〇七年には奴隷貿易法、そして一八三三年に奴隷制度廃止法が成立した。*7 なお、ダーウィンの父方の祖父エラスムス・ダーウィンは、奴隷や犯罪者の拷問を目的とした鉄のマスクを考案している。ダーウィンの奴隷制度反対の考えが、親族たちからの知的刺激に影響を受けた可能性は高い。それに加え、彼自身がビーグル号での探検の旅で遭遇する様々な文化そして乗組員たちの音楽の才能やユーモアを体験した。紳士階級の自分の優越が必ずしも絶対的なものではないと考える貴重な経験だったのであろう。

ただし、ダーウィンの心の揺れは明らかで以下のような言葉を残している。

文明化した人種はおそらく世界中の野蛮な人種を絶滅させ、置き代わってしまうだろう。*8

同じ段落で、コーカソイド（白人種）よりも黒人とオーストラリア原住民はゴリラに近いということも述べている。ダーウィンは人種差別主義者ではないかもしれないが、人種間の違いは下等―高等という概念で認識していたようである。また、ダーウィンは、『ビーグル号世界航海記』（一八四五年）の中で宗教も洗練された衣服もない南米フエゴ諸島民の何名かがヨーロッパの行儀作法を短期集中で訓練すれば身につけられることに感動したとも言っている。[*9] 自ら主張する共通の由来の論理からして人種間の違いが表面的なものと認識しつつも、紳士階級に属するダーウィンは、当時の主流であった圧倒的西洋人優位の考え方について、仕方がないものとあきらめていたようである。

さて、ウェッジウッドのメダルはベンジャミン・フランクリンにも送られ、アメリカでの反対運動にも影響を与えたといわれる。一八四〇～一八五〇年代のアメリカの科学界では、人種間の明確な違いにもとづく多元論が優勢であり、ハーバード大学のスイス出身の地質学者で古生物学者のルイ・アガシ[*10]はその先鋒であった。彼は、ダーウィンの生物そして人間の共通の由来という考え方には反対であり、黒人と白人が異なる種であるという自説をアメリカ各地で精力的に講演して歩いた（Desmond and Moore, 2009）。皮肉にもアガシの「本ではなく、自然を学べ」という言葉は名言として知られている。[*11] 自然を観察したアガシだが、ダーウィンの重視した生物のバラつきと繋がりが理解できず、進化の樹はみえなかった。神によるデザインで固定された種を信じた彼は、進化を受け入れることができなかったのだ。したがって、人間の多様性についても、複数の起源の異なる固定した塊と捉えたのである。

ダーウィンの生物進化の考え方は、アメリカでも哲学・文学界で衝撃を与えることとなる。しかし、唯物的な考え方に興味を示した知識人であっても、人間の起源に適用するとなると、従来の精神世界との決別に苦悩する時代が続く。『人間とは何か？』（一九〇六）を書いたマーク・トウェインも進化と創造説の折り合いをつけることができなかった一人である（Bush, 2007）。

2 ダーウィンの周辺の人々

エイブラハム・リンカーン──「平等」の政治

アメリカでは一八六一年に南北戦争が始まり、ダーウィンはその動向に少なからぬ関心を持っていた。エイブラハム・リンカーンは一八〇九年二月一二日、チャールズ・ダーウィンと同じ日に生まれた。多くの米国民から最も偉大な米大統領として選ばれるリンカーンは、北軍を率いた南北戦争の勝利、そして奴隷解放宣言などの功績であまりにも有名である。なお、政治家としての彼にとって、南北戦争の究極の目的は奴隷制廃止ではなかった。当時、南部の州がアメリカ合衆国から離脱するかもしれないという差し迫った政治的・軍事的危機の状況下で、北部と南部州の分断をとにかく回避すること、これが周知の大義であった。なお、南北戦争の経過や結末について、ダーウィンは期待が裏切られたと大いに失望したという。奴隷制廃止への動きが遅いだけではなく、何より効力が一部の州に限るという驚くべき妥協の産物だったからである（Desmond and Moore, 2009）。

それでも、リンカーンは個人的にはダーウィン同様、奴隷制に反対だったとされる。その根拠は、おそらく科学的論理ではないだろう。宗教観については彼が実際に信仰していた特定の宗教・宗派は明らかではなく、現実主義者であったことが知られている。ただし、彼の演説等に残された記録からは、超自然的な創造者である「神」の存在を否定はしていなかったことがわかる（Noll, 1992）。以下は、有名なゲティスバーグ演説の一節である。

八七年前、われわれの父祖たちは、自由の精神にはぐくまれ、人はみな平等に創られているという信条にささげられた新しい国家を、この大陸に誕生させた。（中略）この国に神の下で自由の新しい誕生を迎えさせるために、そして、人民の人民による人民のための政治を地上から決して絶滅させないために、われわれがここで固く決意することである。*12

この「父祖たちの信条」が記されているのは、トマス・ジェファソンらが起草したアメリカ独立宣言である。

われわれは、以下の事実を自明のことと信じる。すなわち、すべての人間は生まれながらにして平等であり、その創造主によって、生命、自由、および幸福の追求を含む不可侵の権利を与えられているということ。*13

また、「全ての人間は平等」についてのリンカーンの見解は、アメリカという国が向かうべき姿、未来についての信念であったことが、以下のスピーチで示される。

「全ての人は平等に創られた」という主張は、大英帝国からの独立を効することについては実質的には無関係だが、我々の未来のためにこの宣言に明記されたのである。*14

ここで、リンカーンそして彼の父祖が意味する「神の下での平等」とは、同一の神への信仰を前提としており、複数の異なる神は想定していないと考えられる。となると、「全ての人間」は文字通りの全ての人間ではない。このことが、リンカーンの政策にも反映されているようである。南北の統一を保つことに一定の成果をあげたのちも、リンカーンを悩ませたのはアメリカ先住民、インディアンの問題であった。対アメリカ先住民政策について前任者のものを引き継いだリンカーンは、インディアンと白人の関係改善には手をつけなかった。それどころか、彼らを政府が定めた「居住区」に強制的に移動させる政策を進めた。とても先住民の権利を尊重していたとは言えない。

議会向け演説でリンカーンは、先住民が「政府の管理下にある存在」であり、明確に「野蛮人」とは呼ばないまでも、劣等なので文明化しキリスト教に改宗させなければならないと述べた記録が残っている（Mason, 2009）。この姿勢についても、個人的な人間観はさておき、彼の政治的目的が南北戦争での勝利と西部開拓がもたらす莫大な経済的発展であったことを考えれば多少納得できる。

実は、リンカーンの祖父と叔父はインディアンに殺害され、その事件は彼と家族にとっては忘れがたい大事件として言い伝えられた。[*15] この近親者の悲しい記憶と感情が、リンカーンにとっての「全ての人」から先住民の塊をのぞいて別枠にしたことに影響した可能性は否定できない。

なお、アメリカ政府が正式に原住民に対しての暴力や差別行為に対し謝罪する法案に大統領（当時オバマ大統領）が署名したのは二〇〇九年のことである。[*16] 残念ながら、人種差別と奴隷制度は過去の問題にはなっていない。

フランシス・ガルトン——優生学と統計学

ダーウィンの父方祖父のエラスムス・ダーウィンは、ガルトンの母方祖父でもあるので、二人は半従兄弟関係にある。ダーウィンの影響を受けたガルトンは自然選択による生物の進化、そして変異を理解することの重要性を受け入れた。

当時、人間の能力や性向における教育や社会環境の影響における「氏か育ちか」のいずれかを主張する激しい論争があり、「育ち」を強調する風潮が高まっていた。それに対しガルトンは、人間の行動や知性については、「育ち」と「氏」の要因の両方があり、それらの葛藤があると彼は考えた。教育によって、どの人間もいかようにもなることができるというのは幻想と考えたのだ。

赤ん坊はほぼみんな同じだという、子供に良い子でいるようにと教えるお話で描かれている仮説については、我慢ならない（中略）それが間違いであるということは保育所、小中学校、大学や職場でのさまざまな経験が証明してくれる。[*17]

ガルトンは人類学者でもあり、人間の形態的および精神的特徴を捉えるには大きなサンプルで統計的に分析する必要性を説き、人体測定法のパイオニアとなった。これが、バラつく生物の形質について大量の計測データを分析する数学と計算機の発展へと繋がる。さらに、ガルトンは人間の形質がどのように遺伝するのか、例えば身長、指紋や目の色など、について研究をした。なお、彼はダーウィンのパンゲネシス説をウサギの実験で試した後、否定するに至り、ダーウィン自身も取り下げることとなる。

ガルトンの人間のバラつきに対する興味は、それを測り記述するだけに止まらず、一八八〇年代に優生学と呼ばれる「科学分野」を設立した。彼によると「優生学は人間と人間の将来の世代が生まれ持つ資質を向上あるいは阻害する生物学的社会的因子を科学的に探求する学問である」。つまり、人間は優生学の成果をもとに進化を操作することができる、ということである。そして、「優秀な」遺伝的素質を持つ人間には繁殖をすすめ（積極的優生学）、そうでない場合は子孫を残せなくする（消極的優生学）という過激な政策を促進することになる（Gilliam, 2001）。

ガルトンは極端な人種差別的発言をしており、中でも新聞タイムズ編集者への次の投稿記事は興味深い。

人口が少ないアフリカで、物質文明の才能があり、人口増加問題を抱える中国人は、怠け者で下等な蛮人のアフリカ人を凌駕するであろう。（中略）アフリカの熱帯は、イギリス人向けではない。アフリカへ移住する中国人は原住民を駆逐し、ちゃんと監視すれば西洋文明にとっても利益をもたらす。*18

英国が当時植民地支配していたアフリカ東海岸へ中国人を政策として移住させるべし、なぜなら中国人は盛んに繁殖し、やがてより下等な黒人たちにとってかわるであろうというのである。インド人でもアラブ人でもなく、中国人をすすめる理由はその繁殖力が人口問題になるという危惧がすでにささやかれていただけではなく、商業に向いていて未知の土地へも貪欲に進出して生き抜く力があるからとしている。英国が植民地支配をやめた後も、中国での人口は加速度的に増加し世界的問題になっていく。そして現在、中国共産党は自らが経済発展の戦略として、労働者をそっくり送り出す手法のアフリカ進出が急激に進んでいる。ガルトンの提案は皮肉な予言であったかのようだ。だが、彼は中国人が西洋諸国を脅かすほどの巨大勢力になるとはおそらく予想していなかったであろう。

ガルトンの優生学思想を受け継いだ学者たちは、自分たちの活動が社会や国のためであることを疑うことはなく、人権を無視した差別奨励をしているという自覚はおそらくなかったのだろう。二〇世紀に入ると多くの国がさらに強硬な人種、民族差別にこの考えを法制度として取り入れるようになり、高名な経済学者や生物学者などを含め多くの支持者がいた。アメリカでは、優生学の研究にはカーネギーなどの富裕層が大いに寄与した（Bashford and Levine eds., 2010）。さらには国家による「民族浄化」、ヒトラー率いるナチスドイツによるユダヤ人迫害と大量虐殺の惨劇へと発展していく。

優生学が隆盛期を迎える第一次世界大戦後、アルバート・アインシュタインがアジアを訪問した際

（一九二二～一九二三年）に記し、近年編さんされた日記（Einstein, 2018）は興味深い。アジア人は総じて下等とみなしていたが、日本人については接待した学者たちの振る舞いや知的レベル、そして芸術を評価した。しかし、中国人については「商才に長けてはいるが不潔で、イスに座らず地面にしゃがんで食事をする。男女は見分けがつかず、女性が男性のどこを魅力と思うのか理解できない。なのに、あれほど繁殖力が旺盛。彼らが他の民族に取って代わるようなことがあったら残念だ。」と述べている。白人の蛮行や人種差別を批判しているアインシュタインだが、人間のバラつきを実際に体験したことで、揺れる本音が吐露されたのであろう。ユダヤ人の彼は一九三五年にドイツから国家反逆者とされアメリカ国籍を取得する。その三年後、アインシュタインがヒトラー政権を批判していたチェコの生物学者のアメリカ亡命の手助けを頼んだのが、優生学を否定する研究発表をしていた人類学者フランツ・ボアズである。[*19]

ところで、クリミア戦争での白衣の天使として著名なフローレンス・ナイチンゲールは、彼女のいとこがガルトンのいとこと結婚し親戚関係にあった。彼女は近代看護学のパイオニアとしての功績が知られている。ガルトンとは交流があり、何より彼女自身が優秀な統計者であった。ナイチンゲールは、統計学的な分析によってより良い看護制度の確立を目指し、軍の兵士の衛生状態、傷病状態を記録し、データをもとに効率的に看護するという画期的な考えを実行した。さらに、社会福祉や法制定についても統計学的分析が必須であり、政治家も統計学を学ぶ必要性があるとしてガルトンと相談したことがある（Gilliham, 2001）。優生学にもとづく政策は、看護・公衆衛生学とは倫理的に相容れない思想であり、彼女がガルトンの優生学思想を支持していたとは考えにくい。ただし、貧者が多産であることや、特定の家系間で繰り返される婚姻は疾患の出現リスクを高めることから憂慮していたことが知られている。[*20]

ハーバード・スペンサー(一)——社会ダーウィニズム

前章でダーウィンがスペンサーの適者生存を自然選択と同義として第五版以降使ったことにまつわる問題について述べた。社会ダーウィニズムの祖とみなされるスペンサーだが、心理学・行動科学の分野での彼の思想とダーウィニズムとの違いについて検討する。

上述したように、ダーウィンは心理的な特徴についても高い関心を持ち、動物と人間には連続性があると考えた。心的活動についても自然選択というメカニズムによる漸進的な進化をあえて強調したのは、当時の「創造によるデザイン」を信奉する巨大勢力に対抗するための戦略でもあった。

私は、遠い未来においては、さらにずっと重要な研究に対して、いろいろな分野が開かれるであろうと思う。心理学は(「すでにハーバート・スペンサー氏によって十分につくられた」を第六版で挿入)個々の精神的な力や可能性の、漸次的な変化による必然的獲得という新しい基礎の上に、うち立てられるだろう。[*21]

繰り返すが、ダーウィンはスペンサーという人物を嫌っていたようだ。とても賢い人物という印象を持ちながら、Social statics(一八五一)やPrinciple of Biology(一八六四)を読んだ後「学術的スタイルが嫌いだし何も得るものはない、彼はもっと観察すべき」、と散々な感想である。[22] それでも、自分のスペンサー評に不安を覚えたのか親友である植物学者のジョセフ・フッカーやライエルに彼の意見を求めている。ウォレスがスペンサーをとても高評価していたからである（Paul, 1988）。

しかし、上述第六版の修正部分でもわかるようにダーウィンは彼の心理学の功績にはある程度の敬意を払っている。これは、心的活動についての自分の知見が十分でないというダーウィンの認識からでもあろう。スペンサーは、一八五五年の著書（Principles of Psychology）で行動が環境との相互作用によって変化することを提示した。これは、当時主流であった自由意志への盲信ともいうべきものを批判する新しい考え方だった。これはのちにB・F・スキナーに代表される行動主義心理学の先駆けだったとLeslie（二〇〇六）は考える。ブラックボックスのようによくわからないものとして想定された心から、環境の影響を観察し測定可能な行動の研究に焦点をあてたからである。[23]

スペンサーは当時優勢だった獲得形質の遺伝を想定している。上述のように、ダーウィンも同様のものを考えたことはある。ただし、スペンサーは、ダーウィンが思い描いた生物の世界を人間社会のアナロジーと考えた。社会の発展・繁栄を有機物の成長と見立て、個人の貧富のみならず社会的組織や機関の出現、進歩や衰退を生存競争と自然選択というメカニズムで説明し、さらに社会改革へ応用することを重視したのである。生物界の生存競争同様、強者が繁栄することは「自然の摂理」とみなした。社会が「進歩」するには、生存の適者ではない弱者は救済されるべきではない。生物学と経済学・社会学の融合はダーウィンの念頭になかったので、スペンサーの考えは、ダーウィニズムではなく社会ダーウィニズム、より正確には社会スペンサーリズムと呼ぶべきものである。

社会ダーウィニズム＝スペンサーには、人種差別、植民地支配、帝国主義、民族洗浄を支持する思想との結び付きから、傲慢な負のイメージが必ずつきまとう。社会スペンサーリズムの申し子ともいわれるヒトラーは「生きたい者は戦わねばならない、永遠の競争が生命の法則であるこの世で戦いたくない者は、存在する権利を持たない。」と述べている。[*24]

ただし、二〇世紀半ば以降、社会科学研究領域ではスペンサー再考の著書や論文が増えている。それらの主な主張は、スペンサーは誤解され悪者に仕立てられたというものだ。スペンサー＝冷酷な社会ダーウィニズムのイメージ浸透に貢献したのはアメリカ政治史家のリチャード・ホフスタッターの著書（Hofstater, 1944）で、適者でない貧者に対する社会福祉を切り捨てたというイメージがつけられたと、トマス・レオナルド（二〇〇九）は断言する。貧者に冷酷だというのは誤解で、スペンサーはまさに貧者への強い同情から英国政府の福祉政策を批判したという主張である。

確かにスペンサーはリバタリアンで経済的にはレッセ・フェール支持者であり、[*25]さらには男女の法的・社会的平等を主張し、ヨーロッパの帝国主義の批判もした。女性の参政権を認め、家庭内の夫の妻への暴力を容認する当時の社会を批判している（Spencer, 1851）。国や社会からの強制的な関与を否定したのは個人の平等の自由を重視したからであり、社会が全く関わらないということではない。各自が力をつけられるようにとスペンサーは教育を重視した。なお、巨大な富をなしたロックフェラーやカーネギーは資本主義、競争原理そして個人主義の観点からダーウィン支持者といわれることもあるが、むしろスペンサー支持だったというべきだろう。彼らの慈善事業、特に大学や図書館の設立に熱心だったことからも、スペンサーの影響がうかがえる。

スペンサーへの批判を払拭しようという社会科学史研究の傾向が強くなっている背景には、欧米でのリバタリアニズム、小さな政府支持層の増加傾向が関係しているのかもしれない。ただし、いくら後の研究者がスペンサーを擁護しようとも、ダーウィンを含めスペンサーという人物を実際に知っている多くの人たちが彼の人格と言動に好感を持てなかったのは事実で、少なくとも「貧者への同情」は彼から滲みでてはいなかったようである。彼がよく知らない人に対しては短気で傲慢であったこと、そして病気がちであったことが影響しているという指摘がある（Hudson, 1904）。

ハーバード・スペンサー（二）——自然主義的誤謬

スペンサーは人間の進化（彼の使用した単語はdevelopment）について「完璧な状態」に向かって方向が決まっていると明言している（e.g. Spencer, 1851）。彼の考えでは、人間が目指すのは幸福な社会であった。個人の行動や資質に差がある社会では、生存競争によって後の世代にはより適応した個体の頻度が高くなり、そうでない個体の頻度は下がっていく。そうすると、各個体の自由度（身体、精神および財産が侵害されないという意味で）は高くなり、より「幸福」になると考え、進化と社会規範のいずれの法則も幸福の達成というゴールを目指すという「進化論的」功利主義を唱えた（Allhoff, 2003）。人間の発展に最終的なゴールを想定したこと、つまり変化した後の状態は常に進歩・改善し、より高みに登ったと考え、目指すべき絶対的倫理・規範道徳を信じていた。この考え方はやはり生物学的ダーウィニズムとは決定的に違う。

道徳的意思決定に関しては、イマヌエル・カントの主張したように「理性」によるものなのか、あるいはデイヴィッド・ヒュームのように「感情」が大きな役割を果たすのかという哲学的議論は長く続いていた。ダーウィンはヒュームのように感情の関与に重きを置き、自然からの由来を示唆したが、スペンサーは、まず倫理感に感情を考慮することはなかった（e.g. Paxton, 1991）。さらに生物進化自体に倫理的正当性を見出そうと自然主義的誤謬の考え方をした（Moore, 1903; Sidgwick, 1880）。つまり、スペンサーは「良い」・「善」と判断される状態を皆にとっての最大の幸福・自由と考え、それがより進化した状態と考えた。これに対し、G・E・ムーアは、「良い」・「善」は人為的な判断にもとづくもので自然界の概念ではないと考え、スペンサーの考えた「より良い＝より進化した状態」ではない、つまり、自然の法則を社会的善悪に適用することは誤謬であるとした（Moore, 1903）。これは、ヒュームが指摘したis/ought（である＝であるべき）問題とも関連する。自然界の事実である現象をもって、そうすべきであるとは導けない。例えば、生存競争がある現実から、私たちが競争すべき、あるいは、競争は良いことだとはならない。この例からは、自然主義的誤謬が誤りであることは明らかであろう。しかし、一九世紀後半は超自然的な存在の庇護のもとにあるという信念の影響が残る中、自然界と人間社会の両方の現象は同じ言葉で表現するのが通常だったと想像できる。いずれも神によって造られたのなら、その状態は「良い」ものであり、そうある「べき」に違いないのである。当時の〝develop, more evolved, higher, good, better, true, truer〟などの語彙の意味や使い方は必ずしも現在のものと同一ではないので、スペンサーの自然主義的誤謬的議論の際には考慮しなくてはならないだろう。

ダーウィンのブルドッグ（強力な支持者）として有名なトマス・ハクスリーは、著書『進化と倫理』（一八九四）の中で、ヒュームやダーウィンに賛同し、倫理や道徳感情の起源に生物学的基盤はあるだろうがそこから人間がどう行動すべきという規範は導けないとしている。生物学者にとってはこの考え方が標準であろう。

近年の進化心理学・進化倫理学研究者の中には、自然の基盤を説明するにとどまるのではなく、自然主義的誤謬という概念そのものを放棄する主張も見られる（e.g. Curry, 2006; Richards, 2017）。彼らの「現実主義的道徳観」の議論では、例えば利他主義的行動や他人への思いやりという道徳心は生物である人間に進化したことからそのような善行は普遍的であり、そうすべきとなる。自然主義的に説明することで「絶対的善行」の存在を想定している。しかしながら、自然主義的な観点での道徳心は、必ず条件付きの履行でしかない。利害関係がある個体間では競争し、他人を出し抜くような利己的行動も自然に進化したのだからそれも構わない、という擁護は積極的にはされていない。いずれにせよ、人間の進化してきた環境とは大きく異なる集団サイズや社会構造になっている現代人の「べき論」を自然主義的に議論する立場には当然ながら懐疑的な見方がある。*26

シグモンド・フロイト——唯物的心の追求と挫折

フロイトの研究者としての始まりは、生理学者・神経学者・比較解剖学など自然科学分野であった。若い頃のフロイトはダーウィンの『種の起源』に影響されたといわれる。ヤツメウナギの神経回路を顕微鏡下で観察して、ヒトと他の動物の心についての連続性と、脳の科学的すなわち唯物論的、物質主義的な分析を志していた。コカインによる麻酔効果などの生理学者としての心と体の関係についての研究も知られている（Sulloway, 1979）。しかし、当時の脳神経系科学の知見および分析技術では、脳の解析に限度があり、彼の夢は叶えられなかった。

自然科学的手法での唯物主義的心の研究の道を諦めたフロイトは、心の働きの進化のメカニズムについて、ダーウィンの自然選択よりもラマルクの獲得形質の遺伝の方が妥当だと考えていた。時代背景や彼がうなぎの生態を研究していたころ指導を受けた動物学者カール・クラウスの影響が考えられる。さらに、ユダヤ人である彼は当時経験した戦争や社会体制の変遷などから影響を受けていたとも推察される。フロイトが対峙していたのは、医学専門誌でユダヤ人の「生得的な欠陥」について語られるという反ユダヤ社会だったからである（Gilman, 1993）。

また、フロイトは人間のバラつきについてエルンスト・ヘッケルの思想に感化されていたとも指摘される（Sulloway, 1979; Rivo, 1990）。ヘッケルはドイツ人の生物学者で、スペンサー同様に生物学の原則を人間の文化や社会にまで分野を超えて応用し、その思想はドイツを中心にヨーロッパ圏で広く影響を与えた。ヘッケルはダーウィニズムをドイツで広めようと尽力したのだが、進化は方向性を持った進歩であり道徳の自然法則であると強調するなど独自の解釈をした。ダーウィンとは親交があったが、互いの思想を十分に理解し共有していたかどうかは疑問である。

有名なヘッケルの主張は「個体発生過程が系統発生–進化を繰り返す」つまり個体の発生と成長が生命の進化過程とパラレルというもの（反復説）である。創造主を取り除いたという意味でダーウィニズム的ではあるが、自然の自己創造という考え方である。多様な動物の個体発生が似たような段階を辿るのは単に共通の由来を反映しているからであり、反復説は進化および個体発生の理解のいずれにも有意義な概念ではない。さらに、ヘッケルは社会ダーウィニズム（スペンサーリズム）を推進し、わかりにくい一元論的宗教観で、創造主ではなく自然界に複数存在する神－多神教を唱えた（Holt, 1971）。そして、ダーウィンが否定した多元論を支持し、コーカソイドを頂点として他の人種は絶滅すると唱えた。その主な根拠は聖書ではなく、当時の言語学（インド・ヨーロッパ語族の体系をまとめ系統樹で表現したAugust Schleicher、南アフリカの部族の研究をしたWilhelm Bleekら）の成果である（Di Gregorio, 2002）。

実際のフロイトの著作にヘッケルは引用されていない。しかし、個人の子供から大人までの発達過程が、原始的から文明を持つ人種の発展に繰り返されているという彼の考えにはヘッケルの影響がうかがえる。人間の先史時代は、子供と神経患者を観察することで再構築でき、そして未開人は文明人の発達初期の精神にとどまっているとも記している（Rivo, 1990）。このように、フロイトは人種・民族間そして男女間の違い、優劣についての決定論を否定する理論を追求する一方で、精神には生物学的な基盤や発達の序列を想定し、差別的とも取られる見解もしていることから、フロイトの人間観にもすっきりとはめ込まれないパズルのピースが混在しているようである。

カール・マルクス――大義と個人的見解

カール・マルクスは、資本主義社会研究をもとにマルクス経済学と呼ばれる経済学体系を説き、各方面に多大な影響を与えたことで知られる。そのマルクスはダーウィンの信奉者であったといわれている。確かにマルクスは『種の起源』を読んでおり、自然についての説明として画期的だと考えた。彼はダーウィンへドイツ語版『資本論（Volume I）』を一八七三年に「崇拝者から」としてサインをして送り、ダーウィンは丁寧な謝辞の手紙を返している。[*27] しかし、マルクスは自分の考えと誤解の多いダーウィニズムを安易に結び付けられるのを嫌ったという（Colp, 1974）。

ところで、『資本論（Volume II）』の献辞をしたいという提案をダーウィンが断ったというよく聞く逸話があるがこれは誤りである。『資本論（Volume I）』はダーウィンのダウンハウスに現在も保存されているのだが、ほとんど読まれた形跡がない。

実は、『資本論（Volume II）』の献辞を断ったとされるダーウィンの手紙（一八八〇年一〇月一三日）は、"The Students' Darwin"という題名の本を書いたエドワード・エーブリングへあてたものである。ダーウィンは「自由な考えを強く支持しますが、キリスト教や一神論を否定する議論は一般社会には効することなく（中略）これまでも不当に私の家族を傷つけられたので」などという理由で断っている。*28

エーブリングは動物学の教育を受け熱烈なダーウィン支持者でほぼ無名だった。彼が迷信・心霊現象などへの盲信を忌み嫌い、宗教を強く否定する内容の著書にダーウィンの「承認」を記したいという意図があっても不思議ではない。なお、エーブリングはマルクスの娘の愛人でマルクス主義者となり、エンゲルスの死後はマルクスの残した書簡も管理していた。マルクスが『種の起源』の唯物主義的論理に感銘を受けたことは事実のようだが、社会と経済の歴史の研究成果である自著にわざわざイギリス人博物学者の「箔」をつける必要は全くなかったと考えられる（Fay, 1978）。

マルクスはエンゲルスとともに、人種差別的な思想を口汚く述べていたことが、主に個人的な書簡などで暴露されている。同性愛者、メキシコ人、ユダヤ人、そしてロシア人たちに対するものはかなり酷い（Weyl, 1979）。マルクスとエンゲルスの「表」の顔である政治的な立場——ユダヤ人に対する法的な差別撤廃、奴隷貿易廃止、アヘン戦争反対、労働者の地位向上、アメリカ南北戦争のリンカーン支持など、とは相反すると思われる言動である。なお、マルクスらがその矛盾に苦悩していたという証拠はなく、思想家や政治家とはそういうものなのだろうか。

アダム・スミス――自然と道徳論

『国富論』（一七七六）で知られるアダム・スミスは、ダーウィンよりも約一〇〇年先行した哲学者・倫理学者・経済学者である。『国富論』がもう一つの名著『道徳感情論』（一七五九）と密接に関係することは間違いない。時代は異なるが、ダーウィンの人間観・道徳論との関係についてみてみる。

『国富論』でスミスは、しばしば「見えざる手」ともいわれる自己愛が市場システムを動かすという当時としては革新的な主張をし、また、『道徳感情論』では他人との共感が重要な人間性であると強調した。前者はホッブス的競争のもとである利己性、後者はスミスの友人デヴィッド・ヒューム的な相互共感がもたらす快感による利己的道徳論である。両者のいずれもが、「人間が」意図せず、また人為的な組織によって付与されることなく、作用するはずというスミスの発想が、ダーウィンの考えた心の進化に繋がり、さらに、生物進化を基盤とした経済活動の説明にも適応できるという指摘は多い（e.g. Bowles and Gintis, 2011）。一方で、これが近代の学者による後付けであるとの解釈も考慮すべきであろう。敬虔なプロテスタントだったアイザック・ニュートンがそうだったように、カルヴァン主義キリスト教徒のスミスは神学的世界感から神の摂理を信じていた。したがって、自己愛にもとづく行動、特に労働が「意図せずに」社会のためになるという仕組み、「見えざる手」といわれるものはまさに「神のなせるわざ」である（Hill, 2001・Oslington, 2012）。

また、スミスは人間性が普遍で不変と考え、人間と動物との連続性の観点から考察していないことは明らかで、ダーウィニズムと必ずしも親和性がない。マルサスも人間の過剰な繁殖が制限されている状況を説いた際、そのコントロールは超自然的な神の摂理によると考えた。ダーウィンは、マルサスをヒントにしながらも、神を取り除いた自然の中に生存競争という制御システムを発案した。人間を含めた生物の説明から神の力を排除したかったダーウィンにとって、スミスが与えた影響は決して大きくはないと推察できる。

実際、ダーウィンは『人間の起源と性淘汰』の中でスミスの扱いは一度だけと限られており、『道徳感情論』を賛辞すると同時に、冷静に疑問を投げかけている。共感についても、一様ではないことを認識し、それがなぜなのかを追求するダーウィンの姿勢が明確である。

アダム・スミスが以前に述べ、最近ベイン氏も述べていることだが、共感の基礎は、私たちが以前に感じた苦痛や快楽を長く覚えていられることに根ざしている。(中略)なぜ、関係のない他人に対してよりも自分が愛する人物に対して測り知れないほど大きな共感を感じるのかが、私には説明できない。(中略)この感情(共感)がどんなに複雑な様相で始まったとしても、それはたがいに助け合ったり守りあったりする全ての動物にとって非常に重要な感情であるので、自然淘汰によって増強されるに違いない。*29

先ほど、ダーウィンが自分の論理的思考と感情のおそらく両面から奴隷制度に反対していたことを述べた。『国富論』の中で、職業選択について人間の自由な意思決定を推奨し、分業が産業発展の鍵と考えたスミスは奴隷制についてはどう考えていたのだろうか。

スミスは奴隷制について、原則として、不合理で奴隷とその主人の両方にとって非効率で経済的に利点はないと考えていた。これは、一八世紀の思想家で奴隷制の廃止を論じたモンテスキューと同じ考えで、自由人による報酬を期待しての労働の方が、奴隷が恐怖から働くよりも生産的であるからという理由からである。よく知られているように、自由を重んじたモンテスキューだが『法の精神』(一七四八)の中で「皮膚の黒いアフリカの人達に善良な魂が入るとは思えず、人間とみなすことは不可能」と言い「暑い気候で、統治の違いによって奴隷制は理解できる」とも述べている。*30

スミスも奴隷がどのような状況であっても人権侵害であると断言はしていない。彼の分業の推奨は、それぞれの立場の人間が新しいことを考案することによる経済発展という信念にもとづいている。だが、何も自由に所有できない奴隷の発明については「滅多」にないという曖昧な表現にとどめている(Rosenberg, 1965)。また、奴隷制の起源については統治機能が弱い社会だったと推察する一方、道徳感情が成熟しているはずの文明国で奴隷制がなくならないどころか奴隷の待遇がひどいことも認識していた(Salter, 1996)。当時の知識人が、人間という生き物が示すバラつきに当惑し、いかに合理的で博愛主義的見解も、例外を設けないと取り繕うことができないという姿がここにもある。

アルフレッド・ラッセル・ウォレス(一)——自然科学と自然選択

前章でも取り上げた自然選択理論の共同発表者のウォレスの人間性、人間観をみてみよう。彼はまさに悩める人だった。ウォレスは、ダーウィンよりも一四才年下の博物学者、生物地理学者、そして人類学者でもあった。ダーウィンがそうだったように、ウォレスもまた、東南アジアやアマゾンの熱帯雨林冒険の旅から自然界の驚異的なバラつきに圧倒される。どうしてこのような変異があり、このように分布しているのか。それぞれの生物の関係性は？　東南アジア探検の成果として、生物の分布がオーストラリア側と東洋側で異なることを発見しその境界線はウォレス線と呼ばれる（Wallace, 1869）。

彼のボルネオでの探検調査では、様々な動植物が採取され記録されているが、中でも私にとって特に興味深いのが雄のオランウータンについての記述である。ウォレスは百年以上も前に、成体だが二次性徴の頬ひだのない小柄な雄が捕らえられたと興奮気味に記載している（Wallace, 1876）。オランウータンの雄に成長パターンが異なる二タイプがいることは、一九九〇年代半ばになってようやく広く認識され霊長類学者に研究されるようになった（内田、二〇〇七）。なお、ダーウィンもロンドン動物園でオランウータンを観察しその仕草などの人間との相違について述べている（van Wyhe and Kjærgaard, 2015）。

生物の変異性とその地理的分布以外にマルサスの人口論、そしてハットンとライエルの斉一説などダーウィンが得たのと同じヒントから、ウォレスも「自然選択による進化」を導き出した。ウォレスとダーウィンの「自然選択による進化」の考え方の主な違いについては、まずダーウィンよりも個体レベルではなく種・変種レベルの変化に関心を持ち群淘汰の考えを強く支持していたこと、第1章で述べたように進化のメカニズムは「自然選択」という言葉よりもスペンサーの「適者生存」の方がふさわしいと考えていたことがあげられる。[*31] なお、ウォレスは家畜や栽培植物の観察からではなく、主に野生の動植物の変異や地理的分布から「自然選択（適者生存）」を思いついた。同じヒントを得てはいたが、ダーウィンのように人為選択との対比から自然選択のプロセスを着想しなかったことに重要な意義があるのかもしれない。

さらに、人間の心や行動については環境決定論を唱え、自然選択の対象外とした。起源についても、他の動物同様ではなく超自然的存在の想定が必要と考えていた。自身の伝記では、特にダーウィニズムとの違いは、人間の知能と道徳感の起源と進化についてであると述べている。また、他の動物との違いが顕著な人間の言語について、ダーウィンは『人間の起源と性淘汰』の中で鳴禽類との類似性を根拠に性選択での説明を試みたが、ウォレスはその理論自体を受け入れることができなかった（Wallace, 1905）。

自然選択を積極的に支持していたウォレスだが、人間と他の動物、文明人と未開人を比較しながら、次第に骨相学、催眠術、心霊主義に深く傾倒していき、超能力も信じるようになる。そして、物質主義的で自然主義的な自然選択による人間の発展、特に精神・霊的なものや思想や信仰、そして彼が想定した内在する進歩的な力といったものを説明できないと考えるようになる。超自然的力と科学の調和というある意味ヴィクトリア朝の時代人らしい大胆な統合を提案するも、結局は自然選択そのものを手放すことになる（Kottler, 1974）。

アルフレッド・ラッセル・ウォレス(二)——人類学と心霊主義

ウォレスが自然選択による進化と距離を置くようになったのは、人間の言語や脳の大きさに加え、体毛がないことや類人猿の手などの形態が、全て生存競争に必要であったという確信をダーウィンのように持てなかったことも一因とされる。そして、ウォレスはダーウィンに対し、超自然的な存在が、人間をさらに高尚で完璧なものへと進化させるべく導いていると考えることは、科学的説明と齟齬をきたさないと主張した。[*32] この考え方は、現代のインテリジェント・デザインの支持者が共鳴するものである(Flannery, 2011)。[*33] これに対し、ダーウィンは人間についてのそのような追加説明は必要ないと考えていた。[*34] ウォレスは、ダーウィンの友人ライエルへの手紙で反論する。

人間の多くの構造的特徴(直立二足歩行、拇指対向性、裸、対称性、言語器官、数学、正義、抽象的論理、などは最も下等な文明では有益ではないだろう。(中略)何年も前になるが、ロンドンでブッシュマンの少年と少女がピアノを上手に引いていた。盲目のトムは、愚かな黒人奴隷だが、最優秀な音楽家に比べてもおそらくもっと優れた耳というか脳を持ちあわせていた。ダーウィンがこのような音楽の才能を最下等の人種が持ち得たのが「適者生存」で、彼ら個人あるいは人種にとって有益であって、それで他の人間よりも生存競争に優っていたと証明できないのなら、私は(自然選択より他の)力を信じざるを得ない。人間の心と体が動物から自然選択によって進化(develop)したという立場を取り続ける人達には、立証責任がある。[*35]

なぜウォレスがダーウィンの親友ライエル宛にこのように血気盛んな手紙を書いたかというと、ライエルは人間の知性については自然選択による進化によるものという考えを認めておらず（Lyell, 1863）、ウォレスはその考えを書評で支持している。[*36] ウォレスとライエルのこの共同戦線に、ダーウィンはかなり心を痛めたはずである。

繰り返すが、ダーウィンは自然選択による進化という理論が人間を含めた全ての生物現象を説明できるとは考えておらず、その不備や例外の可能性についても十分に認識していた。だが、当時の彼の最大の目的はあくまでも人間を含めた生物への創造主の仕業の排除であった。例外と思えるものでも詳細を探求せずに試合放棄するのは科学ではない。ウォレスはその思いを共有していなかった。

ウォレスは決して裕福とは言えない家に生まれ、ユートピア的社会主義と環境決定主義を主張したロバート・オーウェンを師と仰いでいた。ロバート・オーウェンは、社会的に弱い立場にある労働者の権利を守ること、社会主義的ユートピアを目指し、協同組合の組織作りに貢献した人物である。また、環境や教育を重視し、ジョン・ロックの「心は白板」を信じていた。ウォレスも、社会改革については、当然ながら上流階級のダーウィンとは異なる意見を持っていただろうし、努力と協力し合うことで多くの人々の生活が良くなるという強い信念があったと考えられる。また、彼は、土地の国有化や女性の選挙権を含む立場の向上についても積極的に活動し、奴隷制や優生学にも反対だった（Shermer, 2002）。[*37]

ウォレスは、一八六六年に英国学術協会の人類学部門長となり、その年の講演で「人類学とは体と心のあらゆる面で人間とその他の動物との関係を追求する学問である」との認識を示していた（Gross,

2010)。一見すると、「ダーウィニズム的」人類学である。しかし、彼が人間の平等を信じていながらも多元論と南北戦争での南部軍を支持した人類学会に所属したこと、自然主義的人間観と心霊主義の共存は、ダーウィンには到底理解できなかったのだろう。

サモアなどの未開の人達について晩年のウォレスは「鉄製の道具や文字などの物質文化の発展程度が低くても、知的能力や道徳が劣っているということにはならない。」と述べながらも、真の文明の姿を想定し人間がそれに達するためには生存競争ではなく「美しく純粋な」同胞愛による選択が必要であると述べている（Wallace, 1908）。ウォレスは人間と他の動物との差異、そして文明人と未開人の差異の説明に困惑した結果、師であるオーウェンの影響もあり、超自然的存在を認めることで心の安らぎを得たと考えられる。

ウォレスが自然主義的人間観から完全に撤退してしまったことの意義は大きく、人類学は自然界での人間の位置の認識を革命的にかえる機会を失ってしまう。生物のバラつきを例外なく説明することは難しい。ましてや人間が人間を客観的に分析するのは極めて困難である。二〇世紀になると、やがて超自然的説明とは別に、普遍的な説明を排除する相対主義という別の意味で心地いい考え方が優勢になっていく。

＊1　ダーウィンからウォレスへの手紙（December 22, 1857）
＊2　monogenismとpolygenismの訳語として、文一総合出版の『人間の進化と性淘汰』では単原発生論と多原発生論。より一般的には（人種）単元論と多元論なので、傍点部は筆者に

よる修正。

＊3 チャールズ・ダーウィン、『人間の進化と性淘汰Ⅰ』、二〇〇ページ

＊4 『人間の進化と性淘汰Ⅰ』、一八〇－一八一ページ

＊5 『人間の進化と性淘汰Ⅰ』第二〇章参照

＊6 チャールズ・ダーウィン、『（新訳）ビーグル号航海記（下）』、四五八－四五九ページ

＊7 Oldfield（2011）を参照。

＊8 『人間の進化と性淘汰Ⅰ』、一七三ページ

＊9 『（新訳）ビーグル号世界航海記（上）』第十章を参照。

＊10 反ダーウィンであるアガシは大森貝塚の発見で知られる動物学者エドワード・モースの指導をしている。しかし、モースはダーウィンの信奉者となり、進化の学説について一八七七年に東京大学で講義をする。ただし、その講義は、日本の学者からは受動的に受け入れられ、積極的な議論はなかった。大森貝塚の論文出版で厳しい査読を受けたモースは、科学誌Natureへの推薦をダーウィンに依頼し掲載にこぎつける（Morse, 1880）。なお、モースは日本の文化などについてダーウィンに報告している。モースからダーウィンへの手紙（March 23, 1880）、ダーウィンからモースへの手紙（April 9, 1880）を参照。

＊11 "Study nature, no books", Louis Aggasiz Quotes

＊12 リンカーン、ゲティスバーグ演説（1863）

＊13 アメリカ独立宣言（US 1776）

＊14 Speech on the Dred Scott Decision（June 26, 1857）、筆者訳

＊15 Jesse Lincolnへの手紙（April 1, 1854）

＊16 アメリカ議会決議案（S.J.Res.14, April 30, 2009）

＊17 Galton (1869), Hereditary Genius, pp.14、筆者訳

＊18 ガルトンからThe Times編集者への手紙（June 5, 1873）

＊19 生物学者Hugo Iltisの亡命援助について、アインシュタインからボアズへの手紙（April, 1938）、American Philosophical Societyを参照。

＊20 Ben Daviesによるナイチンゲール博物館長Natasha McEnroeへのインタビュー記事（2011）。

＊21 チャールズ・ダーウィン、『種の起源』、第十四章、二六〇ページ、第六版の挿入文。訳者脚注（60）、四〇二ページ参照

＊22 Paul (1988), p. 414-415

＊23 スペンサーの行動への発達過程での環境の影響という発想、啓蒙思想による社会の発展・進歩に加え、当時流行した骨相学へ興味は周辺の知識人たちの影響を受けている。中でも、ダーウィンの祖父エラスムス・ダーウィンが設立したローカルな主に医者たちによるサロン、ダービー哲学会は、スペンサーの父が主なメンバーであった（Paul, 2003）。エラスムス・ダーウィンの著書には*The temple of nature, or origin of society*（1792）がある。

＊24 アドルフ・ヒトラー『わが闘争』、「Vol.1, 第十一章：国家と人種」からの引用。

＊25 laissez-faire economics（自由放任主義）：政府は民間企業や個人の活動には干渉せず市場の動向には介入せず、自由競争が社会全体の経済を強くするという考え方。アダム・スミスが体系化したといわれる。

＊26 生物学（特に進化）と倫理の関係について様々な意見が混在する状況の概要把握にはJames（2010）やSterelny and Fraser（2016）が参考になる。

＊27 ダーウィンからマルクスへの手紙（October 1, 1873）

＊28 ダーウィンからエーブリングへの手紙（October 13, 1880）

＊29『人間の起源と性淘汰I』、七八－七九ページ

＊30 Montesquieu, 'De l'esclavage des Nègres', in his De l、esprit des lois (1748), Book XV, ch. 5, English Translation

＊31 ウォレスはスペンサーの『社会静学』の内容も高く評価していた。ダーウィンへの手紙（November 18, 1873）参照。

＊32 ウォレスからダーウィンへの手紙（April, 18, 1869）

＊33 インテリジェント・デザイン説については本書第1章参照。

＊34 ダーウィンからウォレスへの手紙（April 14, 1869b）

＊35 Wallace（1905）*My Life. A Record of Events and Opinions*【,pp. 428.

＊36 Wallace（1869c）

＊37 C. Smith（Jan. 6, 201）, Wallaceの解説, Oxford Dictionary of National Biographyも参照。

第3章

ダーウィンと人間科学

人間を対象にする学問でありつつ、生命科学の原則を共有しない
「人間科学」は、純粋に客観的な科学になりきることができない。
その特質が人間理解において大きな誤解、偏見、論争を生み出してきた。
ダーウィンの進化の考え方にもとづく「ダーウィニズム」に対して、
それを曲解した「偽ダーウィニズム」、それぞれに否定的な「反ダーウィニズム」を
概観しつつ、人間理解に関しての研究の
阻害要因となってきた「文化」の捉え方を本章では考えていく。

1 人間、自然と歴史

科学になりきれない学問

ダーウィンは『種の起源』で語らずして人間の存在の説明を鮮烈に示唆し、将来の生物科学の発展に期待した。ところが、人類の自然との関係や心身の進化についての研究はほとんどの大学の生物科学系学部内では限られ、生物学の領域から「はみ出て」いると言える。生物である人間を特別視すること自体がおかしいのだが、純粋に客観的な科学にはなりきれないという悩みがある。

人類学こそが人間理解を自然科学および社会科学を駆使して多角的に探求する総合的な学問である、はずだった。だが、従来、多くの人類学者は、一般生物科学で常識となっている進化の基本概念を曲解し、さらにその誤解をもとにダーウィニズムを批判してきた。そして近年、文理融合型の人類学は「絶滅」に瀕しているともいっても過言ではない。*1 アメリカでは、スタンフォード大学やカリフォルニア州立大学バークレー校などを含め、自然科学系人類学の専任教員枠を廃止あるいは大幅に縮小し、人類進化などわずかな科目を非常勤に任せる大学も少なくない。

超自然的存在での説明の創造説は別として、人類学そして人間を対象とする社会科学系学問での「進化」の基本概念をあえて単純化すると、進化の基本にもとづくダーウィニズム、ダーウィニズムを曲解した偽ダーウィニズム、さらに、それぞれに対して否定的な反ダーウィニズムの立場がある。人間と動物との連続性や人間集団間のバラつきについてそれぞれの説明を、図表3－1で解説する。

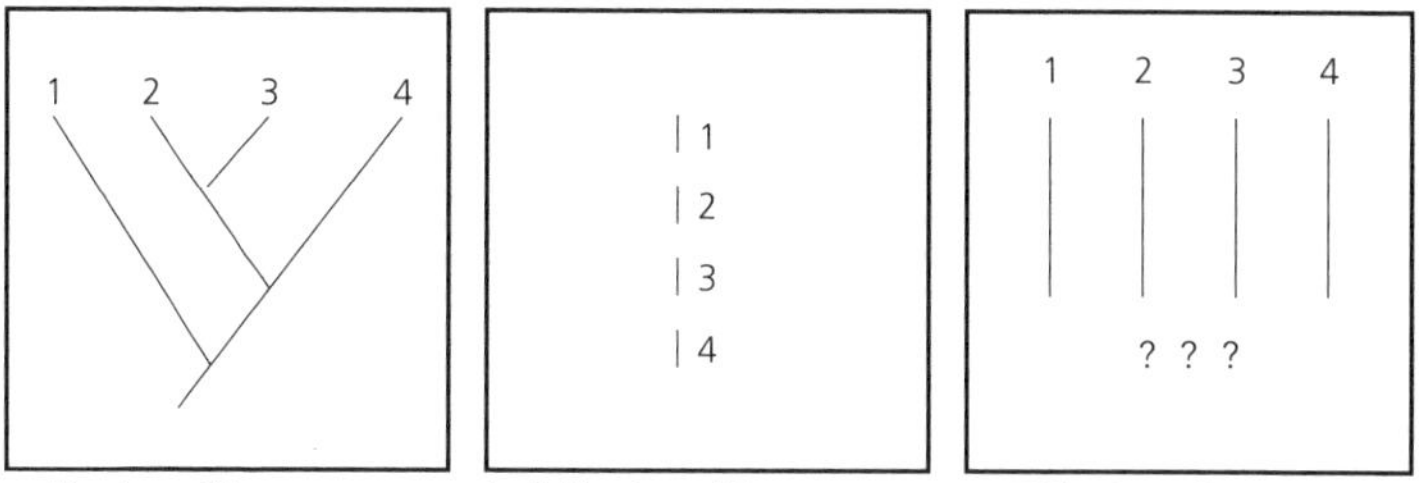

a. ダーウィニズム　b. 偽ダーウィニズム（進化主義人類学）　c. 反ダーウィニズム

ダーウィニズムが生物間、あるいは人間集団（1-4）の関係を共通の祖先から派生する樹状に捉え、連続性を主張するのに対し[a]、人類学での進化主義＝偽ダーウィニズムは進化という現象は梯子を登る進歩として捉える。集団間の違いは明確であり、原始から高等へと発展の程度の差で説明する[b]。『種の起源』後、優生学と親和性が高い進化主義は連動して優勢となっていく。発展途上、少数、貧困、障害などによる弱者の切り捨てを科学の名のもとに擁護する。この立場への必然的な反応と言えるのが人間集団間で認識される差を縦ではなく横に並べて説明する反ダーウィニズムの出現である[c]。進化的人間観を否定する反ダーウィニズムには2つのタイプがある。反ダーウィニズム－1はダーウィニズムを偽ダーウィニズムと同一視するという誤解のもとにダーウィンを批判する。反ダーウィニズム－2は近年の多くの社会科学系研究者の立場である。反ダーウィニズム－1との違いは、ダーウィニズムの基本である動物との連続性[a]を身体においてはある程度受容する。しかし、心的活動や行動においては人間と動物の断絶を強調する。文化相対主義を基本理念とし、それぞれの集団の差は文化的歴史（数千年以下）が異なるからだと考える[c]。しかし、それぞれの文化の起源については問わず、普遍的な解釈の試みを否定する。「氏か育ちか」の発想で、人間行動や文化に「氏（生物学的基盤）」の影響は最小限とする反自然主義、文化決定論的主張である。

［図表3-1］

社会科学系であっても、身体の生物学的基盤とその進化を認める研究者はいるが、それでも二元論的思い込みは強く、人間の心や行動の説明で進化生物学的アプローチへの抵抗は続いている。言うまでもなく、生命科学や医学では心と身体の関係性が重視され、近年の感情や認知機能の研究では脳と腸の相互作用も注目されている。[*2] ダーウィンの基本的メッセージが一般社会に浸透してこなかった理由の一因として、偽ダーウィニズムおよび反ダーウィニズムにもとづく研究・教育の伝統の影響は大きいと思う。

イギリスのマンチェスターで二〇一三年に開かれた第一七回国際人類学・民族科学連合の総会の基調討論会のテーマは著名な二〇世紀のスペイン人哲学者オルテガ・イ・ガセットの言葉を引用したものだった。「人間は自然界から切り離され、それぞれの歴史の蓄積によって作られる」について賛否を問うという主催者側の趣旨である。文化人類学と自然科学系人類学研究者が二名ずつ壇上で自らの研究をふまえて意見を述べ、議論が行われた。人類学・霊長類学者で大型類人猿行動研究の専門家である京都大学の山極寿一教授がその中の一人で、討論会の様子と感想は毎日新聞に掲載された（山極、二〇一三）。

ここでの歴史という言葉は長くても数千年という短い時間軸あるいは人間の一生であり、生物進化の三五億年を想定してはいない。文化人類学者のティム・インゴルドは「人間の鼻はその形が多様であるから、自然選択によって進化したものではない。」、そして「人間は歴史によって自然の基盤を駆逐してしまった。」と講演で力説した。山極と進化人類学者のルース・メイスはこれに対して、人間を語るには歴史と自然の両方の影響を考慮しなければならないと反論した。しかし、討論後、数百人の聴衆の挙手によって賛否が問われ、二対一でインゴルド達テーマ支持者の優勢に終わる。山極が新聞記事の感想で述べているように、そもそもこの会議の参加者は文化・社会人類学者が大半なので、この結果はある程度予想されたことではある。だが、改めて人類学という学問に残る極めて深い溝に気づかされた。

以下に、人間を対象とする学問での誤解や偏見による論争、偽・反ダーウィニズムの歴史を概観し、社会行動そして文化の進化的理解への抵抗、そして主に人類学の外で発展するダーウィニズムを核とする研究についてみていく。なお、ダーウィンの人類進化についての論考は主に『人間の進化と性淘汰』を参照する。

人間の親戚は誰？論争

人間と他の動物との関係性についてはダーウィン以前から議論されており、『種の起源』の約一〇〇年前にカール・リンネは人間を猿に近い生物として分類している。[*3] 大型類人猿（ゴリラ、チンパンジーそしてオランウータン）と人間との近縁性も示唆されていた。しかし、それについて公言することは大きなリスクを伴うことだった。

ダーウィンが『種の起源』で避けたテーマ――人間の起源と進化――について書かれた二冊の本が一八六三年に出版されている。チャールズ・ライエルの『Geological Evidences of the Antiquity of Man（人間の歴史の古さについての地質学的証拠）』とトマス・ヘンリー・ハクスリーの『Evidence as to Man's Place in Nature（人間の自然界における位置についての証拠）』である。ライエルは地質学者としてダーウィンが『種の起源』で提示した長い時間をかけた生物の進化そして自然選択のメカニズムを支持したが、人間の起源は古い時代に遡ると示唆した。先述したように、ライエルは人間の身体について自然選択の影響をある程度認めながら、知性と倫理観については懐疑的で、超自然的な力によって、原始的な生物からの突然出現したと考えていた。

ハクスリーは、ダーウィンの提示した生物の共通の由来そして創造者の否定について公然と擁護した。彼は『種の起源』を読み終えてすぐ、反対する勢力に対して戦うつもりだとダーウィンへの手紙で記している。

爪とクチバシを鋭くして準備しています。*4

ただし、ハクスリーも、ダーウィンの自然選択理論については漸進性にこだわりすぎだと考えていた（Gould, 1977）。現生の生き物、そして化石を含めて比較した際に、やはりギャップは際立って見えたため、多少跳躍的な進化も想定した方が安心だったといえる。当時は、「人間が神の創造ではなく、しかも猿の親戚から進化した」ということだけでも大騒ぎで、先述したように遺伝の実態が不明であったことからも進化のメカニズムについてはほとんど吟味されなかった。

解剖学・生物学の大家であったリチャード・オーエンは人間と類人猿との関係性を論じることさえ否定していた。そして、彼はサミュエル・ウィルバーフォース大司教に、『種の起源』について極めて否定的に伝えた。ダーウィンが人間についても共通の由来を示唆していたからである。そして、一八六〇年六月三〇日オックスフォードで開かれた英国学術協会でハクスリーとの有名な歴史的論争となる。

ウィルバーフォース「あなたが猿の家系と主張しているのは祖父方ですか、それとも祖母方ですか」

ハクスリー「私は猿を祖先に持つことは恥じない。しかし、素晴らしき天賦の才を、真実を覆い隠すために使った者と縁を持つことを恥じよう[*5]」

人間と類人猿を解剖学的に比較して最初に公に発表したのはハクスリーであり、霊長類と人類の古生物学的、形態学、行動学的証拠から人間が猿の祖先から進化したことを著書に明記した。そして、彼は人間を霊長類の仲間に含めた（Huxley, 1863）。人間の脳も類人猿の脳と解剖学的には類似することを示し、当時のオーエンら権威と対抗したのである。

ダーウィンもアフリカの大型類人猿（ゴリラかチンパンジー）が人間にもっとも近いと考えており、『人間の進化と性淘汰』で解剖学的な証拠からハクスリーの結論を支持した。

人間が他の霊長類と類似している数多くの形態的特徴を説明することは名前をあげるだけでも私の限界を超えているし、私はそのための十分な知識を備えていない。高名な解剖学者で哲学者でもあるハクスリー教授は、この問題に関して十分な議論を行っており、人間と高等類人猿との間の構造上の違いは、すべての点で、彼らと下等な霊長類との違いよりも小さいという結論を導いている。それゆえ、「人間を特別の目に分類する正当な根拠はない。」[*6][*7]

ただし、ダーウィンは人間の系統的位置付けについては、違いと類似のいずれを強調するかで異なることから、悩ましいとして以下のように述べている。

ハックスレイ[*8]教授は、一番最近の著作の中で、霊長目を、人間だけを含むAnthropidae、すべてのサル類を含むSimiadae、さまざまなキツネザル類を含むLemuridaeの三つの下目に分けている。形態上のいくつかの重要な点での違いに関する限り、人間は正しく独自の下目を持ってかまわないだろうし、主に人間の知的能力に注目するならば、下目というのは低すぎる地位かもしれない。それにもかかわらず、類縁関係の観点からすればこの地位は高すぎ、人間は、科、またはおそらく単に亜科を構成するだけである。[*9]

人類と類人猿の分類法については幾度か改変が行われ、今でも研究者間で完全な一致はみられない。二〇世紀に入ると、当時の高名な人類学者によって人間はオランウータンを含めた大型類人猿のグループとは遠く離れた位置に置かれるようになる。しかし、一九六〇年代以降は急激に発展した遺伝情報解析の成果から、アフリカ類人猿と人間が近縁であること、さらに、様々なＤＮＡ分析研究によってチンパンジーが一番近いことが確定される（Fabre et al., 2009）。[*10]種の定義の箇所で述べたように、分類は、特にレベル以上では便宜的なものである。いずれにしても、アフリカ類人猿と人間の進化的類縁性の近さを洞察し、顕著に思える知性の違いにひきずられることなく人間の位置付けに慎重だったダーウィンに、先見の明があったということは間違いない。

人類の起源の場所については、一八五〇〜一八九〇年代の有力説では最初の中新世類人猿化石ドリオピテクスがフランスで発見されたことからヨーロッパが候補にあがり、ジャワ島でピテカントロプスの発見した古人類学者ウジェーヌ・デュボワはアジアを想定した（Bowler, 1986）。当時の学者たちがヨーロッパやアジアでの発掘に力を入れていた理由として、アフリカ起源を受け入れたくないと思っていたことは想像できる。だが、ダーウィンは、ドリオピテクスの存在を知りながらも、やはりアフリカ類人猿と人間の類似性からのアフリカの可能性が高いと考えていた。

人類の起源は古いはず？論争

ダーウィンの進化速度についての謙虚でしかも鋭い洞察も注目すべきである。

われわれはまた、高等であれ下等であれ、生物が良好な条件下におかれた時にはどのくらいの速度で変容するものなのかについても、全く無知である。（中略）家畜化のもとで起こることから考えると、同じ祖先から由来した種でも、同じ期間に、全く変化しないものもあれば少しだけ変わるものもあり、大きく変わってしまうものもある。人間では、高等類人猿と比べると、ある種の形質については大きな変容が見られるので、非常に大きく変わった例であるのかもしれない。*11

人間が近縁の類人猿からいつ分岐したかについて、特に知性や文化などの違いを強調した学者たちは、その分岐年代を古く見積もっていた。変化がどのような速度で起こるか、わからないのに、である。分岐年代を古く見積もる彼らの根拠は、科学的な推論というよりも「はるか昔であって欲しい」という願望のようなものだった。当時の人類学者たちは、類人猿と人類の分岐を約三〇〇〇万年より前に想定している。それくらい長い時間をかけなければ、人間とほかの動物の違いは説明できない、と考えたからである。同様に、人間の起源についてもはるか昔に設定され、約二〇〇万年以上前にそれぞれの人種に分かれたと推察された（Keith, 1915, Osborn, 1927）。こうすることで、ようやく「著しく大きい」と認識される人種間の違いが説明できると考えたのである。

現生の人間ホモ・サピエンスはアフリカ大陸起源であり、長くても約三〇万年の歴史しかないことが分子生物学の成果からわかっている（e.g. Schlebusch et al., 2017）。現生のチンパンジーでは、アフリカ東部と西部の集団（亜種）が分岐したのが約四〇〜五〇万年前（Hey, 2010）であることから、ホモ・サピエンスの誕生は極めて最近である。つまり、遺伝的変異を蓄積する時間は限られていた。ホモ・サピエンスの示す遺伝的変異の程度は、チンパンジーの亜種のレベルに相当する（Ruvolo, 1997）。

脳と足の進化、どちらが先？論争

では、類人猿との共通祖先からどのように人間が分岐したのか。ダーウィンは『人間の進化と性淘汰』で、人間の特徴として直立二足歩行、知性、拡大した脳、手の器用さ、技術、そして体毛がないことなどをあげ、それぞれ漸進的に出現したと考えていた。それらの特徴が進化の過程にある場合、その生物を人間に似た類人猿あるいは中間型（anthropomorphous apes）とみなした。

たとえ人間と猿との共通の由来を受け入れた人類学者であっても、人間の進化のシナリオには、何かゴールを目指して突き進む進化（＝進歩）を牽引する形質の設定が必要となった。そこで、彼らは、人間が猿の仲間から枝分かれしたのは秀でた知性による、つまり脳の発達が先行したはず、そして類人猿は進化の階段を登ることに失敗したと考えた（e.g. Smith, 1924）。しかし、ダーウィンの考えた進化は、そもそも必然的な進歩ではなく、生物の漸進的な環境への適応による新しい形質の出現と頻度増加である。当然ながら、彼の考えたシナリオは異なっていた。まずは、直立二足歩行、それによって手が解放され、器用に道具を作ることが可能になる、より洗練された食物獲得を始め、そして脳の拡大と知性の発達へというものである。*12

二〇世紀後半には、多くの古人類学調査から脳容量は小さいが直立二足歩行と推定できるアフリカの化石人類が発見され、ダーウィンが正しかったこと、そして現生の人間が持つ特徴が一度に出現したのではなく、人間＝人類ではないことが確定する。また、数百万年の間に異なる形質の組み合わせを持つ複数種が同時に存在していたことも明らかになる。これで、「出現時からすでに知性に優れ特殊な存在だったはずで、複数の種は同時に存在できるはずがない」という推測も否定された。

残念なことに、「チンパンジーはいつか人間になるのか」と学生から質問されることがある。類人猿は、進化の途中で止まってしまったのではなく、人類とは異なる進化の道を辿っただけである。

「進化」主義人類学

先述のように、スペンサー、ウォレス、ヘッケルらも『種の起源』の普及に「貢献」したのだが、彼ら独自の解釈によって歪めてしまった。強調されたのは〈進化は決められた方向への進歩・改良・複雑化で目的がある、人間は特別で頂点に存在する、獲得形質の遺伝が重要、そして人間社会に応用できる〉という概念のパッケージであった。このようなダーウィニズムとは異なる進化の考え方が、人間を対象とする学問へ、当時の一般的な常識と親和性があったことで浸透していく。そして、進化=進歩を応用して人間文化の変遷を説く「進化主義人類学」(Evolutionism)が登場する。繰り返すが、これは偽ダーウィニズムである。ところが、進化主義=ダーウィニズムとして広く認識され、誤解されたままダーウィニズム自体が批判されるようになっていく。

進化主義人類学の主要な研究者とその著作がエドワード・バーネット・タイラーの『原始文化』(一八七一)とルイス・ヘンリー・モーガンの『古代社会』(一八七七)である。彼らは、文化の変異を複数の段階に分け、人間社会全てが、その段階を経て、速度の違いはあるものの「進化」すると考えた。宗教ではアニミズムから多神教そして最終形が一神教というぐあいである(Bowler, 1986)。原始的状態から発展した文明への直線的な変化は、その方向性とともに流れが避けられないものとして、一般社会に受け入れられてしまう。現代の私たちにとっては驚くべき発想である。

ダーウィンとは異なり、彼らにとっての進化(変化)は必然・不可避であったため、メカニズムや変容の理由は語られることはなかった。例えば、A集団に見られる文化1は、集団内のバラつきはなく、メンバー全てが共有するもので、B集団では文化1は見られず、文化2がその集団メンバー全てが共有している。そして文化1と文化2には下等―高等（野蛮―洗練された文明）の順位がつけられ、その変化は不可避にいつの間にか起こるというものである［図表3―1b］。この考え方は、ヨーロッパやアメリカで一八世紀後半から一九世紀にかけての産業革命によって工業・技術そして商業などあらゆる分野で革新的な変化が一定方向に進んで、進歩していた時代背景を反映している。

さらに、モーガンは文化の段階と人種を結び付ける考え方――原始的な下の段階にいる人種とは異なり、白人は高い段階へ登ったと、主張するようになる。ダーウィニズムの基本である共通の由来という生物間の変異と関係性、ましてや適応について理解していたとは到底考えられない（Service, 1981）。ダーウィンは、私たちが祖先の名残をとどめていることを謙虚に受け止めるべきと考え、進化的視点から人間集団は共通の祖先を持つ横並びと考えていた［図表3―1a］。

人間は（中略）、これらすべての（知的な）素晴らしい力にもかかわらず、そのからだには、依然として、消すことのできない下等な起源の印を残しているということを認めなければならない。*13

しかし、モーガンは方向性を持つ進歩＝進化を信じ、かつ単元論の立場であったことで、人間の中に明確に下等から高等へと縦に並べられる集団が存在すると考えた［図表3―1b］。

なお、自然科学系人類学では、「人種」や民族の形態的差（頭の形、皮膚の色、髪の毛の特徴など）の分析が二〇世紀半ばまでは精力的に続けられ、差別を助長する役割を果たす。残念ながら、その成果は集団抗争の際、敵・味方を分別する「科学的根拠のある」指標として使われることが多かった（Gould, 1981; Shipman, 1994）[*14]。現在では、人間の遺伝的情報のバラつきは連続的で、頻度は勾配を示しており、「人種」という明確な集団を遺伝情報で区切るのは不可能であると、数多くの研究で確認されている（e.g. Jorde and Wooding, 2004）。

2　社会行動と文化の科学——歪みと発展

人間とアリの脳

ダーウィンは人間の知性や文化行動の特殊性についても、困難を伴うだろうが科学的に解明されるべきだと考えていた。膨大な研究ノート、『人間の進化と性淘汰』、『人及び動物の表情について』（一八七二）などで、人間と動物の類似と違いについて、知的能力に加え、記憶や習慣、想像力、言語、感情、動機や意思、精神的病理、美意識にまでも考えを巡らせていたことが知られている（Gruber and Barrett, 1974）。興味深いことに、ダーウィンは人間の心的能力の高さがチンパンジーやゴリラよりも身体に比べて大きい脳によるだろうとしながら、同じ段落で以下のようにアリの社会行動と能力を絶賛している。

絶対値としては非常に小さな神経組織の中で、驚くべき心的活動が行われていることは確かである。（中略）アリの脳は世界で一番素晴らしい原子でできた物質であり、もしかすると人間の脳よりも素晴らしいかもしれない。[*15]

ダーウィンはこれを書いている時に、目をキラキラさせていたのではないだろうか。『人間の進化と性淘汰』の第四章「人間がどのように何らかの下等な形態から発展してきたかについて」にしては突飛な「挿入文」にもみえる。だが、ダーウィンが人間の脳の大きさそして知性について、進化主義人類学とは全く異なる進化的思考をしていたことは確かである。

社会行動の「進化」

次に、動物や人間の行動生態について、二〇世紀以降、主として人類学外の領域で発展した進化的アプローチについて概観する。[*16]

二〇世紀半ばまでの大きな論争の焦点は社会行動における「種の保存」という偽りの「原則」であった。先述したように、利他的な行動についてダーウィンは説明に困ったことは確かである。そこで、動物行動学者たち（e.g. Wynne-Edward, 1962; Lorenz, 1963）は、個体ではなく、集団や種レベルに利益をもたらす淘汰―集団選択理論による利他行動の説明を主張した。そこから派生した「種の保存」の原則は、個体の行動は所属する種の維持・発展のためであるという考え方である。しかし、一九六〇年代後半～一九七〇年代以降、進化生物学は集団選択の問題点を指摘し、代わって遺伝的視点による血縁選択、そして互恵的利他行動の理論的枠組みが整えられて研究が進められる（e.g. Hamilton, 1964; Dawkins,

1976, 1982; Trivers, 1985)。まもなくして、人間以外の動物の社会行動研究では「種の保存」という語句を聞くことはなくなる。[17]

ところが、「集団のための個人の犠牲」という考え方、「種の保存の原則」はまるで「科学的真実」として一般社会そして社会科学領域に広く認識されとどまってしまう。今でも特に日本を含むアジア圏の大学生の多くが、どこで学習するのか、人間を含め生き物は「本能」的に「種の保存」のために行動するように「進化」したと考えている。生物進化にまつわる残念な都市伝説の一つである。

アリの行動生態研究者であったE・O・ウィルソンは『社会生物学』(一九七五)で人間を含めた動物の社会性についてダーウィニズムにもとづき包括的に提示した。さらに、『人間の本性について』(一九七八)で、一般向けにダーウィニズムと社会生物学を紹介し、生物の歴史とその基盤を踏まえた上で自然と乖離しているかに見える人間のより深い理解を提案した。[18] これに対し、集団選択という「科学」理論を歓迎していた社会科学系の学者たちも、大きな衝撃を受け強く反発する。人間行動はアリなどと一緒に説明できない、というのである。

ウィルソンは後の著書(Wilson, 1998)で、駆け出しの研究者としての思い出を述べており、興味深い。まさに「ダーウィンに出会うとはこうである」がわかる逸話である。[19] そもそも、彼の自然界への興味の出発点はリンネが確立した分類体系にある。生物を似ているもの同士でグループ分けし名前をつけ、より高次の分類群へとまとめること、それ自体に知的喜びを感じていた。ところが、大学院の時、アラバマ州のアリを全て分類するという野望を述べると、指導教官からダーウィンの進化論と現代遺伝学をまとめた総合説(ネオ・ダーウィニズム)についての本(Mayr, 1942)を読むようにと渡される。ウィルソンは、その時の衝撃をこう述べている。

私の心の中で錠がはずれ、新しい世界の扉が開いた。私は心を奪われ、進化論が分類学を含む生物学のすべて、哲学に対して、ほぼ全ての事柄に対して持つ意味を考えずにはいられなかった。[*20]

ウィルソンは、ナポレオン・シャグノンが研究した南米のヤノマミ族の集団間にしばしば起こる激しい戦闘と人間一般の攻撃性について『人間の本性について』で以下のように述べている。

ヤノマメ（ミ）族が語ったといわれる言葉に次のようなものがある。「もう戦いはたくさんだ。これ以上誰も殺したくはない。しかし、他の連中は腹で何を考えているのかわからない。だから信用するわけにはゆかないのだ。」おそらく、だれもが彼と同じように考えているのに違いないのである。平和主義を目標として掲げるのなら、学者や政治指導者たちにとって、人類学や社会心理学の研究を一段と推進し、その専門知識を政治学や日々の外交交渉の過程に公然と生かすことは、その目標達成の上できっと役に立つはずである。[*21]

人間行動における、自然環境および社会環境への生物学的、文化的適応の研究は、少数の人類学者や進化生物学者によって開拓され展開していく。[*22] 一九九〇年代以降は、心理や認知能力に生物学的基盤を仮定して研究する分野として発展する進化心理学が、認知科学や自然科学系人類学の生物・文化研究にも影響を与えるようになる（Barkow et al., 1992; 長谷川、一九九九）。しかし、人類学を含め様々な社会科学領域ではこれらの理論を積極的に取り入れる動きは鈍く、進化的アプローチの人間行動への応用へは、生物決定論にすぎないと認識されて激しく批判される。アプローチ自体は有効なので、メタ分析を伴わない安易な適応的解釈の危うさについて研究者の見識が重要である。

ダーウィニズムへの「抵抗」——文化相対主義

二〇世紀の半ば以降も続く社会科学系人類学における反ダーウィニズムの主流は、ポストモダン主義の台頭によってミシェル・フーコーらの影響を受けていた。特に、民族誌学の記述については、その主観性への批判的姿勢が高まり、バラつきをみせる文化的要素について普遍的、標準的な文化、その解釈については懐疑的になっていく（Erickson, 1998）。この背景にあるのが、先述の進化主義人類学（偽ダーウィニズム）、そして極端な生物学的決定論としての優生学への社会における反動である。

こうして人間行動や心的活動についての学問の純粋な客観と科学的研究の有効性は疑われ、フランツ・ボアズやルース・ベネディクト（Boaz, 1910; Benedict, 1934）を中心として文化決定論的相対主義が確立される。複数の民族の文化比較によって、進化主義人類学のタイラーやモーガンが描いた文化の階段のようなもので文化の多様性を説明することはできないと主張した。優生学を否定したことでも、ボアズらの功績は大いに讃えられて然るべきである。しかし、特に彼らの影響を大きく受け文化決定論と相対主義を中心に据えたアメリカ人類学では、偽ダーウィニズムへの抵抗が続く。そして、反ダーウィニズムへの振り子は、自然から完全に乖離した人間観へと振り切れてしまったようである。*23

人間行動の進化的アプローチへの批判者は、科学的人間の解明が人間行動の過剰な単純化であるばかりか、自然主義的誤謬（である＝べき）を推奨し倫理的に間違いであるという強烈な不信感を抱いている。実際には、一九世紀にウォレスらが到達した、身体と心の進化を切り離す都合の良い説明とさほど変わっていないように思える。「人間は孤高の存在である。その知性はあまりにも他の動物とは異なる。動物と比較する語彙さえない。さらに人間の文化や社会は多様で、それぞれの歴史があり普遍的な説明などできない。」果たしてそうだろうか。

例えば、嬰児殺しは様々な民族で、文明化の度合いに関わらず起こっている人間行動の一つである。文化決定論および相対主義によると、この行動はそれぞれの文化の価値観や倫理観で解釈されるべきであり、普遍的な説明は問わない［図表3－1c］。価値観や倫理観の相対主義的立場は、異なる文化に敬意を払うという「正義」に合致して広く受け入れられる。と同時に、なぜこのような行動や習慣が存在するかについての説明は放棄している。相対主義的社会科学では行動、習慣、そして考え方は各々の集団の歴史から「社会的に構築される」という表現も多用される。だが、それならばその「構築」のメカニズムについては脳神経科学的、認知科学的説明が当然必要だろう。*24

進化的アプローチでは、事象の多様性は認めつつ、動物にみられる子殺しとも比較し、行動の原因究明を目的とし、統計的なデータと進化的理論にもとづき解析する。遺伝的、生理学的指標も分析対象となる。そして、普遍的な人権に照らして嬰児殺しの予防を試みる際に、何らかのヒントも得られるであろうという立場である（Daly and Wilson, 1988）。

この章の始めで紹介した文化人類学者のインゴルドは近著（二〇一八）で、「ダーウィニズム」は時代遅れだと主張する。彼は、必ずしも生物学的基盤を否定しているわけではないが、人間のバラつきは成長過程で獲得されるもので、甘いもの好き、肥満、男性間の攻撃性、そして言語能力も全ては個人の歴史と所属する集団の歴史が人間を創り上げるという主張である［図表3－1c、反ダーウィニズム－2］。さらに、最新の分子生物学や免疫学などはポスト・ゲノム時代[*25]に入っており、個体発生と環境・文化の影響の研究、エピジェネティクス[*26]が中心になるべきなのだという。

環境と生物の関係性を基本とするダーウィニズムをどうしてそこまで批判しなくてはならないのか。そもそも、ダーウィンは個体発生と環境・文化の影響を否定していないばかりかとても重要と考えていた。生物学に携わる研究者ならエピジェネティクスの重要性は十分に認識している。だが、その大勢はウィルスや微生物研究者を含め、ダーウィンが提示した「共通の由来、変異に働く選択」を全て脱構築しなければならないとは全く考えていない（e.g. Fontdevila, 2011; Forterre, 2012）。もしかしたら、社会科学系人類学は、ダーウィンそして生物学の成果を適切に理解しないまま現在に至っており、不幸な誤解の亡霊に対しドン・キホーテのように戦っているのかもしれない。

「文化」の定義

ダーウィンの期待とは裏腹に、文化についての研究における学際的な取り組みの発展は遅れてしまった。その主な阻害要因と考えられるのが、多様な文化の定義である（Baldwin et al., 2006; 内田、二〇〇七）。社会科学系領域では伝統的に文化が人間に特異的で言語能力を前提とすると考えられてきた。

そのような文化の定義は極めて狭義であり、他の動物との比較は不可能である。

近年の主に認知科学領域で採用されている文化の広義の定義は「社会学習で獲得・伝播した情報により集団メンバーで共有される特有の行動パターン、あるいは社会学習で獲得した情報」（Bonner, 1980; Laland and Hoppitt, 2003; Mesoudi, 2011）である。必ずしも特定の行動パターンに表現されない情報（例えば思想や考え方）も含まれると考えられる。社会学習での獲得とは、個人の発明ではなく、他の個体から、模倣、教示、あるいは言語情報によって獲るものである。この広義の定義をもうけることによって、人間と動物の文化の比較、そして、それぞれの文化的行動に必要とされる認知神経学的機能や環境要因等の分析が可能となる。

社会学習に必須の模倣については、日本語では「猿真似」あるいは英語では類人猿のapeから「aping」という表現で、霊長類が猿や類人猿が真似をすること、そしてそれがどちらかと言うと、独創性がなく知的な行動ではないという印象が一般的である。ダーウィンは、模倣、学習が動物全般で観察できることを知っていた。発達認知科学の成果から、人間とチンパンジーでは、他個体の表情などの模倣で、その継続期間に違いがあることが明らかになっている。実は、人間の幼児の方が真似することに長期間興味を示す（Myowa-Yamakoshi et al., 2004）[*27]。

ダーウィンは『種の起源』の中で動物の学習による行動の伝播について記述していた。そして、それらの多様性については、やはり環境への適応という説明を試みており、動物にも広義の意味での文化があると認識していたようである。また、彼は野生のチンパンジーが石を使ってクルミの殻を割ることや、南米のサルに同じような方法でヤシの実をわることを教えるのは簡単で、さらに、その方法を他の物を開けるのに応用するなどと既存研究を引用して述べている。ただし、人間と他の動物の道具使用については、その意図が両者の違いではないかという考え方を支持した。[*28]

何らかの意図が必要と考えられる道具の制作は、人類学関連分野では二〇世紀半ばまで人間を定義する特徴だとも考えられてきた。しかし、チンパンジーを含む野生動物の研究で完全に覆されたことはよく知られている。[*29] 動物の文化との違いとして、人間の文化には逆戻りしない蓄積性という主要素があげられる。これは高度な社会性と、先述の模倣学習に熱心であること、そして同調性指向の関与が考えられている（Richerson and Boyd, 2005; Chudek and Henrich, 2011）。

文化の相同と相似

進化的視点で類縁関係を語る際には、表面的な類似性だけではなく、その形成過程、つまり変容の由来についても十分検討する。特に、文化比較においては、収斂的進化（共通の由来ではなく、独立に類似した要素の頻度が増える）が動物の形質に比べ、より頻繁に起こるという想定が必要である。[*30] 類似した文化的要素は遠く離れた場所で出現することもあり、相似（別々の集団で独立に獲得された）と相同（情報を持つ集団が移動したことによって別の地域で出現）の違いを、明確に認識しなくてはならない。ダーウィンは『種の起源』で生物の収斂進化による相似について多くの例をあげている。

ネズミとトガリネズミとジュゴンとクジラの、そしてクジラと魚の外見的な類似に、いささかの重要性でもみとめる者はいない。[*31] そのような類似は、生物の全生活と緊密に結合しているものではあるけれども、それはただ、「適応的すなわち相似的形質」にすぎないものとされる。[*32]

過去に、アメリカスミソニアン博物館所属の著名な考古学者たちによって、エクアドルの土器が三〇〇〇年も前に日本の縄文中期の漁民によってもたらされたと発表されたことがある（Meggers and Evans, 1966）。あり得ないとして他の研究者からすぐに否定されたのだが（e.g. Pearson,1968）、この説は一九八〇年代後半頃までスミソニアン博物館に展示されていた。収斂による文化的類似にも関わらず、共通の由来による相同と間違えた典型的な例である。

ダーウィンは生物の形質と文化の伝播の類似性――相同と相似の両方がみられることや祖先の痕跡が残ることなど、も認識しており、特に言語を例にあげて興味深く述べている。

さまざまな異なる言語が形成されていくことと、異なる種が生じること、そしてそのどちらもが全身的プロセスでできあがっていくことの証明は、奇妙に一致している。（中略）私たちは、異なる言語が出自を同じくすることからくる劇的な相同関係を見つけることもできるし、同じような形成の過程を経たことからくる相似関係を見つけることもできる。（中略）言語においても生物種においても、痕跡的な存在がしばしばみられることは、さらに驚くべきことだ。[*33]

文化という寄生虫

近年では生物の心身と文化は相互に影響を及ぼしあう共進化の研究は、進化生物学、認知科学、自然科学系人類学の研究者によってダーウィニズムの基本概念を踏まえて行われており、より複雑で現実に近いモデルを考慮されるようになってきている(Richerson and Boyd, 2005)。例えば、近年注目されているニッチ構築と呼ばれる進化のモードは、人間など動物が資源を利用することによって自然環境が変わり、それまでと異なる自然選択の強さや方向性が生じ、それに伴って生物学的な進化が起こるというものである(Odling-Smee et al., 2003)。人間の場合、農業や牧畜の各地での発展の違いは、集団ごとに異なる遺伝的要素の頻度変化、つまり進化をもたらした。[*34]

生物と文化が相互に影響を及ぼす現象として、個体の生存や繁殖の成功を引き下げてしまう文化があることも忘れてはならない。先述のようにダーウィンは、寄生的行動をする動物には特に強い興味を示していた。寄生という現象は、寄生虫やカッコウのように宿主の適応的行動に便乗してエネルギーや栄養を単に搾取するに止まらない。ヒメバチ科は、蝶などの幼虫や蛹に卵を産み付け、その体内で成長し最終的に宿主を殺してしまう。ダーウィンはこのような生物が「慈悲深く万能の神によって創造されたとは到底考えられない。[*35]」ので、自然選択によると考えるべきと考えた。

私の想像では、カッコウのひなが義理のきょうだいを巣から押しのけるのも、アリが奴隷をつくるのも、ヒメバチ科の幼虫が行きた毛虫の体内でそのからだを食うのも、これらをすべて個々に付与された、あるいは創造された本能であるとみなすのではなく、あらゆる生物を増殖させ、変異させ、強者を生かし弱者を死なしめてその進歩に導く一般的な法則の小さな結果であるとみなす方が、はるかに満足できるものである。[*36]

次に紹介する寄生虫の例は、個体の脳に侵入して非適応的行動を誘発する文化のアナロジーと考えられる。ヨコエビは通常光を嫌って水底近くに生息している。鉤頭虫の一種に寄生されたヨコエビは、光に向かって泳ぎ水面に上がってくる。そこで、そのヨコエビはマガモに捕食され、マガモが寄生される。鉤頭虫はマガモの消化器内で繁殖し、マガモの糞はヨコエビによって食べられ、一連の寄生サイクルとなる。別の鉤頭虫に寄生されたヨコエビは水中に浮くようになり、スズガモのように水中に潜る捕食者に食べられる。つまり、寄生虫によって脳神経系に障害を受けた宿主は、適応的な行動ではなく非適応的行動をしてしまうのである（Bethel and Holmes, 1973; Ridley, 1986）。

人間においては、このような寄生虫の役割を果たす文化的要素（寄生虫的ミームあるいは危険なミーム）について、多くの議論がなされている（Dawkins, 1982; Dennett, 1991）。[*37] 寄生虫的文化の伝播は、言語の介在で効率的に行われる。

「政府にとって民衆が考えないのは幸いである。命令を与え実行するに際し、思考はない。そうでなかったら、人間社会は存在し得なかっただろう。[*38]」

これはヒットラーが言ったとされる有名な言葉である。特定の個体が、考え方にバラつきのあった大集団の人々の心をコントロールし、自由に考えさせず、従順に命令に従わせる。このようなことが可能な生物は、言語を獲得した人間だけである。思想や考え方は、言語によって寄生虫のように脳に巣喰い、そして強い社会学習および同調性指向とあいまって、大量に急激に拡散していく。

『種の起源』後から現在まで約一六〇年間にもわたる進化の誤解、そして、自然界での人間の位置、社会行動、文化についての人間中心主義に偏った認識は、人間を対象とする学問の負の遺産である。明らかに時代背景を反映しつつも、人間とその社会が宿してきた寄生虫なのかもしれない。次章では、人間の特性でありながら、人間理解の妨げの主要因と考えられる言語について取り上げる。

＊1 人類学の歴史については内田（二〇〇七）でも扱った。

＊2 特に脳の認知機能（認知症）や感情の働き（鬱）と腸内細菌の状態との迷走神経を介した密接な双方向の関係性（脳腸相関）明らかになった（e.g. Carabotti et al., 2015;Alkasir et al., 2017）。

＊3 *Systema Naturae*（Linnaeus, 1758）、『自然の体系』第十版

＊4 ハクスリーからダーウィンへの手紙（November 23, 1859）

＊5 Lucas (1979), p.314

＊6 霊長目以外の目と捉えられる。

＊7 チャールズ・ダーウィン、『人間の進化と性淘汰I』、一六五ページ

＊8 Huxleyの和訳として『人間の進化と性淘汰』ではハックスレイ、本書ではハクスリーを採用。

＊9 『人間の進化と性淘汰I』、一六八ページ

＊10 現在では、霊長目のヒト科にオランウータン亜科とヒト亜科を認める。ヒト亜科の下の分類には二種類あり、ゴリラ族とヒト族（チンパンジーとヒトの両方を含む）とする主に分子生物学者が支持する分類（Mann and Weiss, 1996）と、ゴリラ族、チンパンジー族、ヒト族とする主に生物人類学者・古人類学者が支持する分類の仕方がある（Potts and Slone, 2010）。それぞれの「族」には、現生の生物と近縁の絶滅種が含まれる。

＊11 『人間の進化と性淘汰Ⅰ』、一七二ページ
＊12 『人間の進化と性淘汰Ⅰ』、一二五―一二八ページ
＊13 『人間の進化と性淘汰Ⅱ』、四六二ページ
＊14 ユダヤ人迫害や、アフリカルワンダのツチ・フツ族抗争など多数。
＊15 『人間の進化と性淘汰Ⅰ』、一二九ページ
＊16 詳しくは長谷川（一九九九）やオルコック（二〇〇四）を参照。
＊17 近年の環境問題としての「種の保存問題」とは生命の多様性を人間がいかに維持するかという課題であって、生物個体の行動の目的などとは全く無関係である。
＊18 この本でウィルソンはピューリッツァー賞（一九七九）を受賞。
＊19 これについては書評（内田、二〇〇三）でも述べた。
＊20 エドワード・O・ウィルソン『知の挑戦――科学的知性と文化的知性の統合』、九ページ
＊21 エドワード・O・ウィルソン、『人間の本性について』、二一九ページ
＊22 Napoleon Chagnon、William Irons そしてRichard Alexanderら（Chagnon & Irons, 1979; Alexander, 1979）によって開拓され、本格的に展開されていく（Cronk et al., 2000; Richerson and Boyd, 2005）。
＊23 内田（二〇〇七）でこの展開について考察した。
＊24 内田（二〇一六）でもこの見解を述べた。
＊25 ゲノム解読後の分子生物学の研究段階。
＊26 本書第1章参照。なお、文化人類学者のエピジェネティクスについての理解度は不明。ラマルキズムと同一視し、誤解している研究者もみうけられる。
＊27 人間とチンパンジーの認知的比較については第4章でも扱う。
＊28 『人間の進化と性淘汰Ⅰ』五三―五五ページ
＊29 ジェーン・グドールがタンザニアの野生チンパンジーがシロアリを釣る道具を作って使う行動を発見した際の有名な逸話がある。グドールを派遣した古人類学者のリチャード・リーキーは、彼女からの報告を受けて「我々は道具を、人間を定義し直さなくてはならない、さもなければ、チンパンジーを人間と見なすことになる」と言った（Goodall, 1998）。
＊30 文化要素の水平移動についての研究は、終章で取り上げる。
＊31 トガリネズミはモグラの仲間で、ジュゴンは象の仲間に近縁。
＊32 『種の起源』、第十三章、一七一ページ
＊33 『人間の進化と性淘汰Ⅰ』、六〇ページ
＊34 具体的な例として、マラリア発症頻度の高い熱帯地域での正常のヘモグロビンの変異体ヘモグロビンSのヘテロ接合型として持つ個体は、マラリアへの対向性が高いことから

頻度が他の地域よりも高く、生乳や乳製品を多く摂取するアフリカの一部や北欧では乳糖耐性の頻度が高く（Tishkoff, 2007）、また、デンプン質を主食として多く摂取する地域では、集団内の唾液中のアミラーゼ遺伝子（AMY1）の数が平均して多いことがわかっている（Perry et al., 2007）。

＊35 ダーウィンからグレイへの手紙（May 22, 1860）

＊36『種の起源』、第七章、三一五ページ、「進歩」は原著でadvancementが使われている。

＊37 文化的要素をミームと呼び遺伝子とのアナロジーとする考え方には、粒子状の想定ができない、表現型に近いもの、文化は社会的に共有されている表象で実態はない等、批判的議論はある。

＊38 ヒトラーの言葉（Jan. 18-19の夜、1942）（独文の英訳の筆者訳）

第4章

言語の特性と進化

本章では、人間と動物を分かつ最大のものとされる
「言語」に焦点を当てることによって、
ダーウィンの苦悩のひとつの形を明らかにしてみたい。
言語構造の法則、幼児の言語獲得能力などを考察した後、
言葉の大きな特徴である象徴性を、記号論から考古学、
動物のコミュニケーションまで幅広い視点で考えていく。
そこで見えてくるのは、この象徴思考の進化・発達によって起因する
人間のコミュニケーションや思考方法と内容の特異性である。

1　言葉と言語研究の歴史

不思議な道具

ここまで、ダーウィンは『種の起源』で生命の基本である進化の説明を苦労して試みたが、誤解され続け適切に受容されていないことを概観した。生物現象はダーウィンが考えた以上に複雑で、今日の科学でも十分には解明されておらず、その理解は容易でない。人間と動物の差、特に言語や心的活動における連続性についても、ウォレスらが払拭できなかった素朴な疑念はもっともである。それにしても、揺るぎない生物進化の基本概念が、一般社会だけではなく、人間を対象とする学問領域でどうして誤解されたままなのか。

ダーウィンは『種の起源』で、種についてあえて定義せず、起源は語るつもりはないとし、進化という言葉に至っては一回しか使わなかった。本書第1章でも検討したように、彼は言葉の使い方に大変苦労している。誤解を招くことを予見し、不用意に語れなかったからである。残念ながら、ダーウィンが危惧した通りになってしまった。進化の不理解と誤解は、単なる学問の進展の問題だけが原因ではないようである。この章では、この謎を解く鍵として言語の特性、そしてその進化に焦点を当てる。

ダーウィンが指摘したように生物を理解するためには、時間と空間にひろがるバラつきを適切に認識しなければならない。言語を獲得後、人間は思考を言語に依存するようになった。言語構造の特性によって複雑な思考が可能になったと考えられる脳だが、言葉の特性からバラつきにはあまり関心を払わない。そもそも言語は、人間を含む生物の客観的理解には不都合なのではないだろうか。

言語の進化についてとなると、おそらく「人類はいつから、現在と同じように話せたのか。」は素朴な疑問であろう。しかし、この答えは簡単に出せない。言語を可能にしている認知機能および解剖学的な要素、言語に関わる遺伝子は複数あり、しかも同時に出現したわけではなく、それぞれが異なる進化過程を辿る。[*1] また、言語出現に際し、どのような環境でどういう集団で生活をし、どの適応的選択圧が働いたかなど、検討されるべき要素は多い（内田、二〇一二）。

ここでは、膨大な言語に関する研究を精査するのではなく、言語の多様性、構造と思考との関係、そして生得性の議論を概観し、言葉の意味するものに焦点をあてる。人間固有の能力である言語を、不思議な思考の道具という視点で考えてみたい。

バベルの塔

言語が人間を人間たらしめるという認識は古代ギリシャ時代にまで遡る。だが、その特異性についての科学的研究の歴史は浅い。長い間もっぱら宗教の枠組みの中で、もっぱらアダムは何を話していたのか、一つであったはずの言語だがなぜ多様化したのかについて様々な知識人が説明を試みた。

現存する言語の数は約六五〇〇〜七〇〇〇と推定される（Grimes, 2001）。エスペラント語[*2]をはじめとする世界共通言語の普及は、何度か試みられたものの失敗に終わった。ブリューゲルの絵画で有名なバベル[*3]の塔の逸話（旧聖書創世記第一一章）は、多様な言語について一つの答えを提示している。

ノアの洪水の後、人間たちは石の代わりにレンガを作り、天然アスファルト（瀝青）を使う技術を持ち、大人数が協力し高層の建物の建設を始めた。それは七階建てで約七〇メートルにもおよび、最上階には神殿が設けられた。神（エホバ）は、神の威厳を損ねる冒瀆とみなして憤慨する。このような人間の「傲慢な行動」は、一つの民が一つの言葉を使っていることが原因で企てられたと考えた神は、その罰として、彼らが話す言葉を混乱させ互いに言葉が通じないようにした。そして、互いに理解できなくなった人々は建物の建設をやめ散り散りになった、というのである。

もちろん、この部分に限らず旧約聖書の内容の多くは歴史的事実にもとづくものではなく神話として神に対する畏敬の念を説いていると考えられる（Levenson, 2004）。ただし、現実に存在する多くの言語や方言に対しては、古代から多くの人々が疑問に思っていたことは事実である。全人類が共通言語を持つことが難しい理由は、後で検討する言語の特性に関わるのだが、当時のこの謎に対する回答は神の仕業という「物語」であった。

ダーウィンの関心

言語についてダーウィンがどう考えていたのか触れておきたい。一九世紀後半、アダムの言葉の追求以外にも、多様な言語については広く研究されていた。勉強熱心なダーウィンは言語学者の知見を参照し、言語も歴史的に徐々に変化したと考えた。ダーウィンにとって、言語の多様性の説明は生物進化のアナロジーとして格好の例だったのである。生物の系統的分類の妥当性を理解するには、言語の系譜を類推してみるとわかりやすいとして説得を試みている。例えば、言語グループの中の変化が少ないものと大きいもの、絶滅した言語があるように、頭骨や顎にも同様の現象が起こったはずであると『種の起源』の中で述べている。

おなじもとから出た諸言語における差異のいろいろ違った程度は、群の下に群をおくというように表現せねばならないであろう。だが、ほんらいの、また唯一の可能なものですらある分類は、やはり系統的なものである。そして、これが厳格に自然的なものである。なぜなら、それは消滅したものおよび現在のものを含めあらゆる言語を密接な類縁によって結合するものであり、それぞれの言語の派生と起源とを示すものだからである。[*4]

さらに、人間以外の動物の発声は内的な状態変化あるいは外部環境の変化を表現したものであると考え、言語との連続性を提案している。『人間の進化と性淘汰』では、言語の主な違いについて「音節化」されていることをあげ、鳥の歌との類似性を指摘した。

（言語学者の研究を踏まえて）音節化した言語の起源が、自然の音、他の動物の声そして人間の本能的な叫びを模倣し修正したものに起源すると信じて疑わない。[*5]

また、テナガザルの歌の考察をもとに、言語の前段階として歌の可能性を示唆し、音節化された言葉の適応的意義についても、配偶者獲得と選択の手段としての効用に言及している。

人間の昔の祖先は、おそらく現在のテナガザルが行っているように、音声を、真に音楽的な旋律、つまり歌を歌うことに使っていたのだろう（以下略）。広範囲にわたるアナロジーを見れば、この力は、特に両性間の求愛のときに使われ、愛、嫉妬、勝利その他の様々な感情を表現する為にも、競争者に対する挑戦としても使われていたに違いないと結論できるだろう。音楽的な発声を音節化された音で真似ることから、様々な複雑な感情を表現する単語が生まれたのかもしれない。[*6]

さらに、ダーウィンは鳥の雛が親鳥の歌を模倣して学習することを知っており、言語習得にも生物学的基盤があるはずで、それが進化の産物であると確信していた。

言語が半ば技術であり、半ば本能であることは、それが徐々に進化してきたことの証である。[*7]

「言語能力は生得的それとも後天的か」を主要な争点にする言語研究は多いが、当時の科学的知見の制限にもかかわらず単純な二者択一的考え方をしなかったダーウィンの洞察は鋭い。

宗教から科学へ

言語を可能にする認知能力の分析と、その生物学的進化の研究は二〇世紀の終盤になるまでほとんど進展しなかった。言語研究史には有名な逸話がある。パリ言語学会は一八六六年の三月に会則第二条「当学会は言語起源および普遍言語構築に関するやりとりを一切認めない」を施行した。これによって言語の起源や進化、そして普遍言語の研究が公式に禁止されたという。実際には、当時の言語研究の背景を踏まえると、学者たちが言語進化や普遍言語に取り組まなくなったのは、一八七六年には破棄されるこの会則だけが原因ではない(山内、二〇一二)。第一回進化言語学の国際大会(Evolang)は、言語進化の研究停滞を憂えた研究者たちが中心となってエジンバラで一九九六年に開催された(Hurford et al. eds., 1998)。以降、言語を可能とする認知機能とその進化について様々な研究が進められている。

言語の起源と進化の主な研究課題には有名学者の名前がつけられている。(A)プラトン問題―言語はどのように習得されるのか。これは言語の生得性と密接に関係する。次に、(B)ダーウィン問題―言語能力の進化をどう論理的に説明するか。言語能力の生物学的基盤を認めた上で、それがいつ、なぜ、どのように出現したのかということである。そして(C)ウォレス問題―言語能力が進化したとして、果たして自然選択の産物なのか。言語の能力は生存や繁殖成功に関わるものだったのか、そして出現についても漸進的あるいは跳躍的だったのかを問う。

これまでに提示された複数の仮説は、プラトン、ダーウィンそしてウォレス問題への取り組み方や重点の置き方が異なり、平行線を辿っているようにも見える。研究分野間の交流を促進し学際的な研究によってこれらの問題について統一した知見が望まれる(藤田・岡ノ谷、二〇一二)。次に主な研究領域の仮説を概観する。

2 言語習得の謎——プラトン問題

生成文法——言語構造と思考の道具

言語習得の謎を「プラトン問題」として一九五〇年代後半以降に取り組んだのはノーム・チョムスキーを代表とする言語学者である（e.g. Chomsky, 1957）。その謎とは、幼児による言語習得の容易さであるのに、言語の複雑性からして驚くほど短期間に、また、大人の会話を聞くだけでは十分ではないはずなのに、幼児は母国語を完全な文法とともに獲得することができる。「刺激が貧困」なのにどうして言語の習得は簡単なのか。これに関しチョムスキーが影響を受けたのが、プラトン哲学である。プラトンは「我々が生きている間の知識とは、前世からの記憶（recollected knowledge）である。新しく学ぶものは、不死の魂がすでに知っているものである。」と主張した。その後、一七世紀にゴットフリート・ライプニッツは、プラトンの「思い出す」という概念に独自の解釈を加え、「すでに存在している知識とは、生得的という意味ではないか。」と考えた（Hunter and Inwood, 1984）。

チョムスキーの生成文法理論は、生得性を前提として「刺激の貧困」問題を説明し、習得の特異性から言語の特性とその出現を考えるというアプローチである。言語は外部から全てを学習するのではなく、ある意味子供の頭の中にある「種（タネ）」が「育つ」ことで獲得される。その生得的な要素が、言語の「普遍文法」とも呼ぶべきものである。さらに、言語構造が生得的ならば、数千を超える言語があるにもかかわらず、現存の文法の種類が極めて少ないことも説明可能と考えられる。

言語を可能にする認知機能の特異性として必要最低限のものは何かを追求するミニマリスト・プログラムを主な方針に据え、チョムスキーのグループは研究を進めてきた。近年、その議論はオッカムの剃刀よろしく究極まで削ぎ落とされたといえる。いくつか例外はあるが、ほとんどの自然言語には独特の構造があり、統語演算に関する唯一の操作、回帰的併合を可能にする認知機能こそが言語独特の脳機能であるというのが生成文法派の結論である（e.g. Berwick and Chomsky, 2015）。

さらに、併合をつかさどる認知機能に生物学的基盤があると考え、脳の回路・部位を特定しようという研究も行われている（Berwick et al., 2013）。しかし、彼らはその起源や進化とそのメカニズム、つまりダーウィン・ウォレス問題はあからさまに横に置いておく立場をとる。人間の言語能力と動物との違いが「あまりにも著しい」ため、そのギャップについて自然選択をメカニズムとする漸進的な変化を想定し、逐一埋める作業は意味がない、ホモ・サピエンスの登場とともに突然の「跳躍」を想定すればよいという考え方である（e.g. Chomsky, 1986）。*8

言語がそもそも何のために出現したかについても、生成文法を支持する学派は独自の議論を展開する。一般的には、人間の言語の社会的コミュニケーションでの有効性が適応的意義として重視されている。他の霊長類の多くでは毛繕い行動によって集団メンバーと関係が築かれ維持されており、この役割を初期の言語は持っていた可能性がある。人類の言語は社会的情報処理能力を増強し、より大きな規模の集団生活を可能にした。言語出現時の最初の機能としては、何より日常のゴシップやおしゃべりが重要であったという説である（Dunbar, 1996）。しかし、生成文法学派の主張では、人間と動物の決定的な違いとして「言語の構造」が可能にする論理的思考に重点を置く（Harris and Taylor, 1989）。併合の統語演算機能は、他者との会話のためというより、むしろ自己の頭の中での思考に有効なため出現したという主張である。

人間のほとんどは、イメージや絵で思考する一部の自閉症（Grandin, 1995）を除き、思考を言語に依存している。言語は思考の道具という考え方は古代ギリシャに遡り、「言語の目的とは、合理的思考を明確に表現するための安定した基盤、そして同時に、言語慣習を共有する人たちが理解できるように思考を表現し伝達する手段を与えることである。」はアリストテレスの立場とされる（Harris and Taylor, 1989）。たわいも無いおしゃべり、あるいは感情的なやりとりは言語の機能として重要とは考えられていなかったようだ。そもそもギリシャ語の「言葉」の意味を持つ単語はロゴスで、これは理性的能力をも含有して指す語である。周知のように、のちに西洋哲学でロゴスは論理（ロジック）の意味合いがさらに強調されるようになった。

認知言語学——学習と限定的生得性

マイケル・トマセロらに代表される認知言語学では、子供の脳とその社会環境との相互作用によって言語は習得されると考える。つまり普遍的な生物学的基盤、特に言語構造について「大部分が固定されて生得的、かつ脳の特定部位によって制御される」という仮定は否定する。子供は発達過程で経験をしながら学習し、言語の法則をも習得していく（e.g. Tomasello, 2003）。これは、「プラトン問題—刺激が貧困なのに容易に習得できる謎」はそもそも存在しないという立場であり、チョムスキーらの生成文法理論の「対極」にあると言える。

言語能力の生得性を完全に否定した立場としては、バラス・F・スキナーに代表される伝統的行動主義心理学が知られている。スキナーは、言語が完全に身体の外に存在すると考え、幼児の語彙と物体との関係性を学習する過程を、箱に入れられたネズミのオペラント条件付けのようにイメージしていた（Skinner, 1957）。

近年の認知言語学の研究者の多くは、言語を可能にする認知機能にある程度の生得性とその進化を想定する。構造そのものではなく、言語習得に必要な認知的道具箱のようなものである。例えば、言葉の基本、類型化、相手の意図を読む心と意図共有、比喩などには生物学的基盤が存在するかもしれない。幼児はそれらを徐々に使いながら（usage-based）周囲の大人が話す言語の法則と語彙を習得するという主張である（e.g. Ibbotson and Tomasello, 2016）。

脳と言語の共進化——文化的選択

生物人類学者のテリー・ディーコンは、脳と言語の共進化によって統語法の種類の少なさと言語習得の容易さ（プラトン問題）の説明を試みる。脳が言語獲得に対応すべく何らかの進化があったことは確かである。同時に言語もその文化的進化の過程で多くが出現して消えていったと考えられる。多様な言語が存在する一方で、幼児の脳が習得しやすい、つまりユーザーフレンドリーな限られた種類の文法構造が長い時間をかけて選択されて残ったはずである。だから現存の統語法の種類は少ない

（Deacon, 1997）。この考え方は説得力がある。

統語法の「普遍性」とは対照的に各言語の語彙、その種類は極めて多様で、他言語のメンバーには全く理解できない。また、同じ言語でも世代間で語彙は大きく異なる。どの言葉が残り・広まるかについても各集団で文化的選択が働いてきたとすると、集団間での語彙とその種類の違いは説明可能である。例えば、色を表現する語彙の種類は言語によって様々で、日本語では特に多様である。これは、微妙な色の違いを認識する能力に集団間で差があるからではなく、豊かな色の表現を好み生活の中で継続して使う文化的傾向による。また、語彙は、集団内で使われる意味によって感覚受容の判断の客観性（de Araujo, 2005）や動作の記憶（Haun et al., 2009）など、言語中枢以外の脳機能に影響を与えることが知られている[*9]。

言語の構造と語られる内容、特に精神世界を表現する言葉との関係性とその多様性については、アラン・バーナードが指摘している（Barnard, 2012）。現存する南アメリカ原住民の言語の中には、Pirahaのように非常に簡単で回帰性がないものがあり、その集団で語り継がれる創造神話はなく、親族関係のシステムも単純なものである（Everett、2005）。その対極にあると考えられるのがアフリカのSan（/Xam）の言語で、創造神話は複雑な回帰性構造を持つ言葉で語られる（Bleek and Lloyd , 1911）。

3 言葉の意味するもの

実在の代用物？

では、言語の要素である言葉はそもそもどのように生まれ、何を意味するのだろう。音節化された言葉と鳥の歌や他の動物の音声との違いは何なのか。これらについて生成文法理論と認知言語学のいずれでも、十分な説明はなされていないようである。

言語習得には、まず名前というものを認識する必要がある。古くは、聖書の中でアダムがどうやって、例えば動物などに名前をつけたのかについて真剣な検討が行われていた。これは語彙と実際に存在するものとの関係性において重要な議論であり、初期言語研究が提示した言語代用説へと繋がる。プラトンは、名前は実在しているものに対応しており、さらに永遠の実在であるイデアと考えた。また、紀元前四世紀のアウグスティヌスも言葉＝代用物としての音声による記号とした。名前は事象なしに存在しないというこの代用説が西洋では長く続いた（Harris and Taylor, 1989）。

だが、言葉が実在するものの単なる代用物だとすると、前述のギリシャ語の「言葉」に含まれる思考の道具としての機能的意義は弱まり、他の動物との違いも曖昧になってしまう。そこで、言葉の特異性を分析するには、適切な理論的枠組が必要となる。

言語哲学者のフェルディナン・ソシュールは、主にヨーロッパでの構造主義的「言語学の父」とみなされる。彼が提唱した記号学（semiology）のモデルは二要素（指す対象と指すための表現あるいはサイン）

で構成される。記号学でのサイン＝意味を持つ言葉なら、当然ながら言語は連続音ではなく音節化された語彙から構成される。さらに、実在するものだけの代用物ではなく、プラトンが想定した永遠のイデアも「実在」する必要はない。つまり、ソシュールのモデルでは、思考の道具としての言語の機能を重視することができ、人類学を含む多くの領域に影響を与えた。しかしながら、この二項モデルが言語の特異性の理解を難しくしてしまった（e.g. Preucel, 2010）。*10

記号論的シンボルとしての言葉

チャールズ・パースは、一九〜二〇世紀初頭のアメリカ人哲学者である。*11 彼は、サイン（音声、形、語彙など）とそれが指し示す事柄・意味との物理的および意味的関係性の違いについて明快に分類し、その記号論（semiotics）は様々な研究分野に影響を与えた。*12 後に、ディーコンによって言語コミュニケーションの特異性の説明として紹介され（Deacon, 1997）、改めて関連分野の研究者から注目されることとなる。以下に、ディーコンによる記号論的サインの種類と言語の特異性の説明をまとめる。

サインには、アイコン、インデックス、そしてシンボルがあり、シンボルは三項モデルで示される。アイコン的関係性とは、サインそのものに参照する対象物との物理的類似性がある。例えば、動物の擬態などである。蛾の仲間の中には、羽に鳥の目のような模様がある。その目玉模様は、外敵に小さな蛾ではなくより大きな鳥であると認識させることで食べられるリスクを下げる効果がある。あるいは、昆虫で草むらの色や枝の形をしたものは、身体自体とそれを意味するものがアイコン的関係性を持つ。

次に、サインが特定の対象物と一対一の関係性を持つ場合、そして物理的な類似性がない場合、それはインデックス的となる。例えば、暗い雲が近づくサインは、そのうち雨が降りだすことを意味したインデックスである。動物が餌をみつけたり、領地を宣言する声や匂いのサインも、敵を察知したりして環境の変化を音声で表現するのもインデックス的である。

　言語の特異性は、そのシンボル性にある。シンボル的コミュニケーションでは、三項の想定が必要で、サイン、対象物（実存する物体でないものも含む）、そしてそれらを媒介あるいは翻訳するもの、あるいは認知的作業である［図表４−１参照］。そしてその翻訳は設定・変更が可能な便宜的なものである。つまりサインと対象物はインデックス的に接地された明示性を持たない。動物コミュニケーションにおいて音声とそれが意味する敵や餌の存在なども任意であるが、

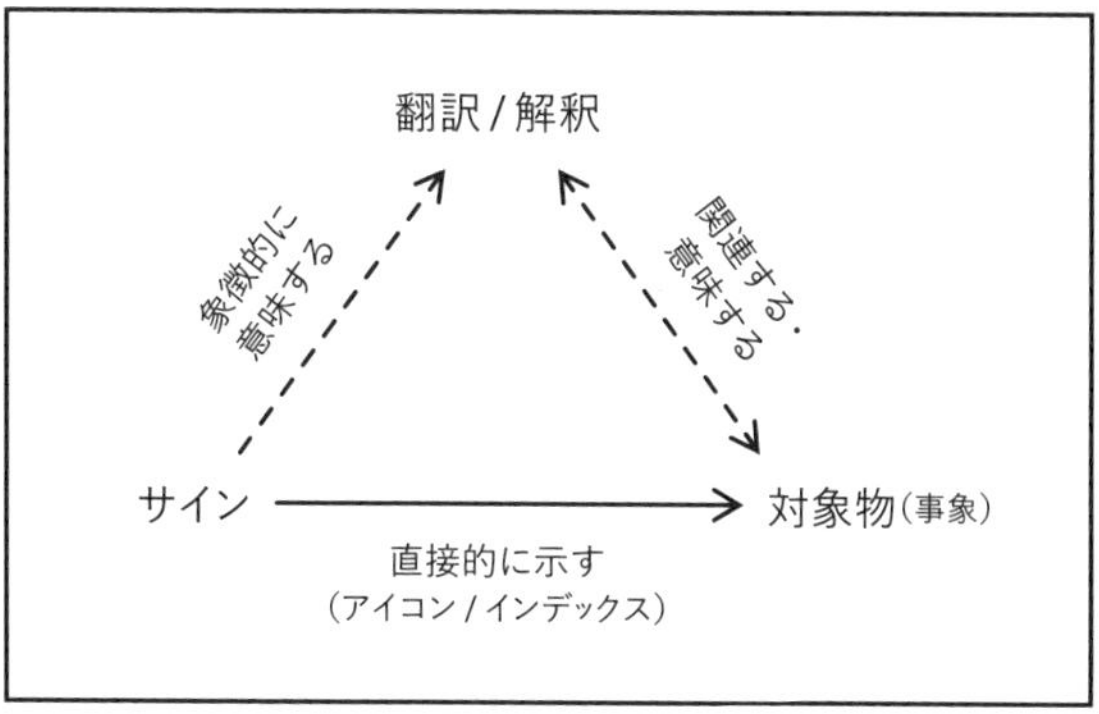

a. サインと対象物に物理的類似性がある場合はアイコン的。また、b. 物理的類似性はないが任意のサインと対象物との一対一の関係ならばインデックス的である。aおよびbは直接的指示関係（実線）である。c. シンボル的関係性（点線）では任意のサイン（=シンボル）が、社会的合意のもとに任意に決められた翻訳・解釈の介在によってその象徴的意味を表現する。

（Ogden and Richards（1923）によるsemiotic triangle をもとに作成）

［図表4-1］パース記号論にもとづくサインと指示対象物（事象）との3種類の関係

シンボルでは翻訳・解釈を介することで二重の任意性が働く。[*13] ソシュール的記号学の二項モデルでは、この二重の任意性という言語の特異性が示せない。

明らかに、シンボルの設定と解読は社会的合意が必須となる。一個体の頭の中だけで作られたものは記号論的には言葉とはいえない。意味の社会的共有の必要性から、言語集団のサイズには限界が生じると考えられる。文字のない初期言語はなおさらであろう。つまり、バベルの塔崩壊後の多言語の派生は、人口増加によってある程度は説明可能なのかもしれない。[*14]

4 象徴（シンボル）の定義いろいろ

人類学と考古学の象徴

記号論的シンボルの進化と発達についての検討は後に扱うこととし、その前に、社会科学領域、特に人類学や考古学での象徴および象徴思考についての研究について概観する。やはりここでも定義の問題はたいへん根深く、ダーウィンも『人間の進化と性淘汰』で、指摘している。

自意識、個性、抽象化、一般概念など——このような高度な能力について、ここで論じようとするのは無駄であるかもしれない。なぜなら、最近の何人かの著者によると、これらの能力こそが人間を下等なものから完璧に区別する性質そのものであるということだが、二人としてその定義が一致する者はいないからである。*15

ただし、ダーウィンはこれらの能力は「言語の完全な使用を意味している」と述べている。*16人類学では、象徴という概念を使うのは人間独特であるという考え方が大勢である。だが、もしそうならば、象徴を可能にする脳機能とは何か。他の動物は本当に持っていないのか？　これらの問いについての答えは出されていない。なぜなら、様々な分野で研究者が使う象徴、シンボルという言葉には共有された明確な定義がないからである。特に、人類学や考古学では、象徴に関する研究者はそれぞれの定義を持っているとさえ言われる。

人類学者は象徴（シンボル）に関する自分たちの領地を、ギャングのメンバーの「シマ」攻防のような激しい情熱を持って守ろうとする。……（中略）多くの人類学者のシンボル研究のアプローチはさまざまで、その多様な手法によって人類学者はシンボルをいろいろな文脈や内容で検討することができている。*17

（考古学では）、シンボルとは何かについて定義がないことが問題なのではなく、たくさんあることが問題なのである。*18

これまでに提案された象徴（シンボル）が含有する主な要素、あるいは象徴的行動と呼ぶ際に必要な主な要素を以下に示す。

1 他の何かを示すもの
2 意図的な制作と使用
3 実用性がない
4 任意あるいは慣例的
5 社会学習によって指し示す対象物が変化し多様性を示す
6 全体の一部（で全体を指し示すあるいは代表する）
7 抽象的

定義1のように、極めて漠然とした定義が使われる場合は多いが、それに2以下の要素を付け加えるかどうかは研究者次第となっている。定義2は、階層的動作を制作時に必要とすると考えられる石器をシンボルとみなす研究者ら（Stout andChaminade, 2009）に重要視される。装飾や芸術の象徴性は3が強調される。さらに、6のように一部が全体を代表して指し示すようなサインならば、それをシンボルとする考えも提示されたことがある。例えば、かつて人類学者のダン・スペルベルは、「シンボルは、あるものがそれ以外の思考を引き起こす」ので、匂いがシンボルとみなされると考えていた（Sperber, 1975）。

a. スペイン出土のピンクの色素がめずらしいの握斧、儀式的埋葬に使われた? 約35万年前(*Homo heidelbergensis*) *19
b. 複数のヨーロッパ遺跡で出土し、それぞれの場所で独立に加工されたと考えられるワシの爪、約5万年前(*Homo neanderthalensis*) *20
c. 南アフリカ、Diepkloof洞窟出土、彫刻の跡があるダチョウのタマゴの殻、約6万年前(*Homo sapiens*) *21
d. 南アフリカ、Blombos洞窟出土のネックレスに使われたと考えられる穴のあいた多数の貝殻「ビーズ」、約7万5000年前(*Homo sapiens*) *22
e. イスラエル、カフゼー洞窟出土の鉄酸化物を含む黄色の粘土によると推察される色素使用、約9万2000年前(*Homo sapiens*) *23

［図表4-2］提案された主な「過去の象徴の証拠」

過去の証拠

人類学者や考古学者は、シンボル使いや象徴的思考が「現代人様の心」の特徴と考え、それがいつ出現したのかを探求してきた（Mcbreaty and Brooks, 2000）。ホモ・サピエンス出現時なのか、それとも後期旧石器時代以降を指すのか。そもそも、過去から象徴思考の証拠を得ることは可能なのだろうか。

抽象よりも象徴的思考（象徴化）は物質的対象物がある場合が多いと述べている人類学者はいる（Cooledge and Overmann, 2012）。それでも、曖昧な定義では、過去の遺物に象徴的思考の証拠を探すことが難しいことに変わりはない。ハーバード大学でディーコンとパース記号論についての勉強会をしていた考古学者ロバート・プルーセルは、人間の物質文化の解釈においてもソシュール的二項モデルは不適切であるとし、パース記号論の有効性を指摘している（Preucel, 2010）。だが、考古学での実際の適用例は極めて少ない。これまで提案されてきた証拠［図表4－2］は、先にあげた定義の中でも特に、実用性がおそらくないであろう、そして意図的に創られたはず、と研究者によって推察され、シンボルとみなされた。

最近では、約六万四千年前の洞窟「壁画」の発見によってホモ・ネアンデルターレンシスの象徴能力の可能性も議論されている（Hoffmann et al.,2018）。過去の人類の認知的機能について遺物などから分析する領域が認知考古学で、スティーブン・マイズンは第一人者である。彼は、考古学でのシンボルの扱いに警鐘を鳴らし、特にホモ・ネアンデルターレンシスのシンボル使用については、パースの記号論を踏まえ懐疑的である。

ホモ・ネアンデルターレンシスはおそらく歌っていただろう、また染料も使っていた形跡はある。それらは、おそらく意図的であり実用性のないものであったであろう。しかし、それだけで、象徴性を確信することはできない。確かに、歌は感情を揺さぶる音による表現であり、言語能力に大事な前駆体の認知機能そして選択圧を共有する可能性はある。染料は何か特定のサインかもしれないがインデックスの可能性もある。ボディペイントとして使われたとして、それは単に体の一部を隠するいは性的魅力を高めるために使っただけかもしれないとマイズンは述べている（Mithen, 1996, 2005）。

華やかな色の鳥や動物は自然界には数多いが、人類学者や考古学者はそれらを決してシンボルと解釈しない。染料がシンボルとしての意味を持つには、その使い方が単発的ではなく繰り返されるパターンや広域性などの要素が必要となる。つまり、ホモ・ネアンデルターレンシスがシンボルそして更に言語を使っていたという確証はない。それは当時の遺跡からは実生活の再現が不完全だからという理由ではなく、シンボルをどう定義するかという問題に関わる（Mithen, 2005）。

マイズンおよび多くの考古学者が認める最初のシンボルは、約七万年前の南アフリカ、Blombos洞窟から発見された数センチ角で線がついて刻んだ跡がある黄土様泥板岩で、他の印がついた数千の泥板岩とともに出土している（Henshilwood, 2009）。なお、氷河期（約四万〜一万年前）のヨーロッパ各地でホモ・サピエンスの洞窟遺跡に残された多数の記号・模様の中に、約三万年間も同じものがあることが報告されている（Petzinger, 2016）。おそらく、この頃には象徴的思考が確実に可能だったのであろう。ただし、その起源は現時点で不明である。

悩ましいことに、現代人の「象徴的行動」はすでに言語獲得後の脳の活動なので、過去の証拠の検証、そして進化過程の再構築は難しい。近年では、言語を含む人間の認知機能全般で、実際にシステムを創って進化過程を検討するという手法も開発され研究が進んでいる（橋本、二〇一六など）。

言語を可能とする認知機能の生物学的基盤と進化過程についてはいまだ解明されていないことが多い。次に、これまでの動物行動の研究や発達心理学における、言語に関わる象徴思考を含めた認知機能についての知見を概観する。

5 言語機能のダーウィン問題

動物コミュニケーション

人間以外の動物の様々な行動や音声コミュニケーションは、その意図性や任意性、そして象徴性の可能性についても議論がなされてきた。例えば、動物による道具制作や使用は、カラスなどの鳥類からイルカそして多数の霊長類の種類で観察されている。いずれも「目的を持った」あるいは意図的な個体の道具制作と使用という問題解決行動である。だが、これらを記号論的な枠組みで象徴行動に含めることはできない。

霊長類コミュニケーションでは特にサバンナモンキーの警戒音（アラームコール）の研究が有名である。警戒音（サイン）と天敵動物（対象物）の関係性はあくまでも一対一であり、決まった文脈下で使われる（e.g. Cheney &Seyfarth、1990）。なお、霊長類以外の動物の研究では以前からこのような音声コミュニケーションの特徴は機能的指示性（functionally referential）とされている（Macedonia and Evans, 1993）。つまり、特定の刺激によって引き起こされ、その刺激がないと起こらないような行動を取らせるインデックス的サインである。したがって、霊長類の音声であっても人間言語の前段階となる音声シンボルだという主張（Queiroz et al. 2002; Ribeiro et al. 2007）は、支持されない。

興味深いことに、ダーウィンは、警戒音について実験を行っている。ロンドン動物園で蛇のとぐろを巻いた剥製を持って行き、異なる三種のオナガザルが慌てふためいて「危険を示す鋭い鳴き声を発し」、周りのほとんどのサルがその声が意味することを理解したことが、愉快であったと述べている。[*24]

類人猿のジェスチャーや行動も象徴的行動とみなされることがある。野生チンパンジーのある集団では、葉っぱを唇でビリビリと破いて音をだす仕草は異性を惹き付ける際に観察されるが、別の地域では威嚇誇示動作の一部として観察される（Whiten and Boesch, 2001）。つまり、チンパンジーはそれぞれの集団で社会学習によって音声コミュニケーションだけではなく、道具使用やジェスチャーを集団ごとに異なる文脈で学び伝播するという文化的行動をとる。このような社会学習能力の高さから、野生チンパンジー行動の象徴性が示唆されてきた（Boesch 2015; Watson et al., 2015）。しかし、改めて記号論的に見直すと、やはり機能的指示サインつまりインデックス的であることが確認され、象徴性を特徴とする言語の前段階とはみなし得ない（FedurekandSlocombe, 2011;Wheeler and Fisher, 2012;Townsend andManser, 2013; Price et al., 2015）。

インデックスからシンボルへ

人間の幼児はいつからシンボルを理解し使用するのだろうか。発達言語学で大きな貢献をしたエリザベス・ベイツは、子供の脳の柔軟性や脳全体を使っての言語獲得を主張し、[*25] シンボル使用について興味深い研究をしている。まず、ベイツは言語獲得に重要な発達過程として、一二〜一四ヶ月でさかんに行われ始める幼児による指差し行動に注目した。幼児の遊び方の分析とパースの記号論的枠組みから、ベイツは指差し行動によるインデックス的記憶と確認作業を経て象徴的な思考が発達すると推測した（Bates, 1979）。

ベイツの後継の認知言語学者トマセロらも、チンパンジーとの比較から指差し行動は人間固有と考え言語発達の関係に注目している。指差し行動をインデックス的コミュニケーションのサインとするには、関係する個体間でまず指された方向へ注意を共有し、かつ同じものを同時に認識することが前提で、意図の共有へと繋がる。言語獲得前の幼児は欲するものが手の届くところにない状況で指差しをして、それを特定するために大人が、「X？」「Y？」「Z？」と周辺のものを取り上げて確認する。

逆に、大人の指差しによって特定された物体に幼児は注意を向け、大人が発する音を模倣することでインデックス的サインを習得する。第3章でも述べたように、人間の幼児はチンパンジーより模倣に非常に熱心であり、この認知的特性が言語学習に重要であることは間違いない。

幼児はこのような自分－他者（主に親）－物の三項の関係性を一歳前後で積極的に確立しようとするのだが、これも人間の特異性のようである。野生のチンパンジーでは指差しなどによる視線の共有（共同注意）が確認されたことはほとんどなく、主に自分－他者の相互交渉である（Tomonaga et al., 2004）。人間によって飼育されたチンパンジーでは、檻の中から自分の手の届かないところにある食べ物を指差し、飼育者の注意を引くような行動を、人間が近くにいる時に限り自発的にすることが知られている（Tomasello, 2003）。

飼育下のボノボやチンパンジーは、人間との交渉が多く言語環境の中で育つため、共同注意以外にも認知機能の発現が異なることが知られている（e.g. Gillespie-Lynch et al., 2014; Matsuzawa et al., 2006）。スー・サベージ・ランボーらの研究で有名なカンジやパンバニーシャは人間の話す言葉を聞いて理解し、英単語を抽象的な記号にしたパネルを押すことで簡単な会話ができた有名なボノボである（Savage-Rumbaugh and Lewin, 1996）。サベージ・ランボーたちは象徴思考についてもチンパンジーで実験を行っており、トレーニングによってシンボルを理解できた個体とそうでない個体がいたことを報告している（Savage-Rumbaugh et al., 1980）。*26

この実験結果について、ディーコンはシンボルを理解できた個体は、シンボルの理解に必要なサインと対象物の関係性について一旦、インデックス的接地を切り離す「アングラウンディング」することを偶然に発見したと推察する。先に述べたように記号論的シンボルは、サインと対象物との間を「翻訳」が介在する。人間の幼児では指差し行動などにおいて、インデックス的な関係を学習する際、サインと対象物は直接にいわば繋がっており「接地」(ground)している。[*27] しかし、「翻訳」を介するシンボル的関係性の理解には、一旦、「アングラウンディング」した後、別のシンボルへの「接地」(翻訳)認知作業が必要となる。これにはある程度の認知的ジャンプを要するのではないかとディーコンは考える(Deacon, 1997)。[*28]

なお、シンボルおよび抽象概念の「接地問題」は、脳神経科学(Pulvermüller, 2018)やロボット工学(Taniguchi and Sawaragi, 2003)を含め、多様な領域で議論されており研究が進行中である。ただし、やはり定義については領域間での合意が望まれる。

メタ表象と象徴思考

前述の指差し行動と対象物のラベルの発音と模倣、これらには、自分のみならず他者の意図や考えを客観的に知る能力の基礎的認知が必要である。「自分が何を考えているかを理解する」能力はメタ認知あるいはメタ表象能力と呼ばれ、人間の思考の特異性としても議論されてきた(e.g. Sperber, 2000)。より複雑なメタ表象能力は自分だけではなく他人が何を考えているかを自分で思考できる能力である。言語能力の進化・発達は象徴思考よりもメタ表象の獲得によるところが大きいという考え方をする研究者も多い(J. Henrich, pers. comm.)。

人間の優れたメタ表象能力は志向意識水準で説明されることがある(Dennet, 1991)。「自分が何を考えているかをわかる」のが第一次の志向意識水準で、「他者の相手が考えていることがわかる」のが第二次である。この段階で誤信念課題に正答することができ、人間の子供では四〜五才で心の理論の基礎が備わっていると考えられる。さらに、「相手が自分の考えをどう捉えているかがわかる」のが第三次、「相手が自分の考えをどう捉えているかを相手が分かっていると自分で思考できる」と第四次である。チンパンジーでは、第三〜四次志向意識水準の理解能力の実験報告はあるが、第二次までが限界と言われる。人間では明らかにそれ以上も余裕で可能である（Dunbar, 1996）。

それでは、メタ表象と言語能力との関係はどうなのだろうか。言語の回帰的併合構造は明らかに高次の志向意識水準の理解を容易にしていると考えられる。しかし、個体の脳内で完結可能でもあるメタ表象、そして指差し行動で学習する注意や意図共有の能力、それらの能力と記号論的シンボルの創造と理解の説明はまだ十分に示されていない。先述のように、言葉は単にインデックス的に記憶するだけではなく、二重に任意に設定された象徴性の解読ルール（アングラウンディングとグラウンディングの再設定）を使用者たちが社会的に合意しなくてはならない。[*29] シンボルで指し示す対象は曖昧であるため、単純な意図共有以上の心を読む能力が要求される。従来の言語進化および発達の研究においては、Rakoczy et al.（2005）が指摘しているように、「シンボルの社会的共有という要素」を重視していないものも多く、今後の進展が望まれる。

6　ボールドウィン効果とウォレス問題

ダーウィニズムの拡張

言語を可能にする象徴思考を含む認知能力が何らかの生物学的基盤を持つとして、いつ・どのように出現したのかというダーウィン問題解決への道のりは遠い。適応的であったとするならば、それは量的質的に複雑になった社会的情報処理のためだったのか、それともダーウィンの推察したように性的魅力増加のため、あるいはアリストテレスの考えた論理的思考のためなのか。いずれにしても、脳の進化と言語の文化的進化が影響しあったことは間違いない。また、言語発達は文化的な影響を受けることは明らかであり、言語が脳にハードウェアとして完全に生得的に組み込まれているとは考えられない。となると、言語能力が単純な自然選択の産物かどうかを問うウォレス問題の答えはすでに出ている。従って、脳の柔軟性を視野に入れた上でダーウィニズムを拡張した進化的メカニズムを考える必要がある。

ダーウィンの『種の起源』発表以降、形質表現の可塑性と学習の効果という要素を組み込んだ考え方が複数提案され議論されてきた。なぜなら従来の自然選択による進化適応は、ランダムな遺伝的変異の出現と継続的選択圧によって説明されるが、突然変異の想定だけでは、多様な形質、特に行動や脳の働きの頻度変化について十分に説明ができないからである。なお、ダーウィンは『種の起源』の中で、心理的能力、そして「本能」にもバラつきがあることを示し、次のように考察している。

もしわれわれが、習性的行動が遺伝的になる場合——そういう場合があることを示しうると私は思うが——を想像するなら、もともと習性であったものと本能との類似は区別できぬほど密接なものとなる。[*30]

ただし、第1章でも述べたように、ダーウィンは能力のラマルク的進化を否定した。

遺伝的可塑性と学習能力

自然界の動植物の形態や生理学的反応において、環境に応じた表現形発現の可塑性はよく知られたことである。一般には、遺伝的影響が強ければ形質の可塑性が低く、そうでない場合は高いと考えがちだが、遺伝的基盤そのものも可塑的メカニズムを備えている。環境の変化に伴う表現型の発現とその柔軟性を調節するメカニズムは、ショウジョウバエを中心に様々な生物を対象として複数の研究で検証されてきた（Waddington, 1953）。

例えば、生物個体は生活する環境に応じて遺伝的基盤を持つ形質でも一定範囲で異なる表現型を発現することができる。特定の環境下あるいは特定の環境刺激に応じた発現を基準とする可塑性である（反応基準）。捕食者の接近で体の形態や色を変える動物の例は多い。また、一定の状態が何世代も続くなら、備わっていた別の環境に対応する表現型への可塑性は失われた状態となる（遺伝的同化[*31]）。

表現型の可塑性の生物進化における役割は、人間の認知および行動の進化にとって特に大きいと考えられる。ダーウィニズムの支持者で発達・実験心理学者のジェームス・M・ボールドウィンは、進化の方向性における学習行動の寄与の可能性をOrthoplasyという概念で提案し（Baldwin, 1898; Baldwin, 1909; Baldwin et al., 1902）、後にボールドウィン効果として知られることとなる。このボールドウィン効果については異なる解釈や、修正付きでの解釈があり議論されている（Weber and Depew eds., 2003）が、認知・行動の可塑性の重要性に注目すると、次のような解釈によって現代進化生物学で支持されると考えられる。

動物の認知・行動には可塑性がある。特に学習脳力が高い人間を含む動物では、環境課題を学習によって解決することがある。そのような個体の繁殖成功は、例えば、道具を使っての採餌などの成功によって他よりも高くなる可能性がある。また、通常の自然選択と関係のないそのような課題は環境には複数存在する。となると、どのような形質の頻度変化が次世代以降起こるか、つまり自然選択圧の強さおよび方向性は、個体の学習、そしてその繁殖への影響と無関係でなくなる。さらに、遺伝的情報の組み合わせや発生・発達過程の状況（ランドスケープ）、すなわち表現型の発現にも変化が起こりうる。従来の選択圧のもとで適応度の低かった遺伝的組み合わせ、あるいは遺伝的表現が頻度を増やすことも可能である。この意味で、認知・行動の一般的可塑性は生物進化に少なからず関与すると考えられる。ただし、この効果の維持に関してはあくまでもネオ・ダーウィニズムの枠組みの中で行われる。

ボールドウィンらは、可塑性のある表現型が学習によって表現をシフトし、環境課題を解決する非遺伝的行動も、世代を経ると一定の発現が遺伝的に同化あるいは順応すると考え、さらに、可塑性が高まる方向へ進化すると推察している（Baldwin et al., 1902）。もし、生存・繁殖への従来の自然選択圧が緩和されたならば、そして、環境変化が頻繁に起こる場合にはさらに可塑性が高まる可能性はある（Price et al., 2003; Pilliucci et al., 2006）。

言語と認知的可塑性

認知的可塑性と大きく関係している言語の起源、進化や発達は、言語を可能とする認知機能それぞれについて発達心理学のみならず、進化発達学など多領域の協働で明らかにされなければならない（Scharff and Petri, 2011）。

ディーコンは、自然界での選択圧の緩和によって、言語に関わる機能を持つ個体の頻度が高まった可能性を示唆する（Deacon, 2010）。岡ノ谷一夫の研究チーム（Kagawa et al., 2012）はジュウシマツの雄が複雑な構造の歌を歌う一方、祖先種の歌は単純なことを確認した。家禽として何世代も人為的に飼育されたことで、捕食や繁殖にかかる自然選択が緩和され、その結果として複雑な歌が誕生した可能性が高く、選択圧緩和の仮説を鳥の歌のアナロジーで支持している。また、最近の家禽セキセイインコの研究によると、新しい認知的スキル（箱開け）を獲得したオスは、学習しなかったオスよりもメスに好まれるという（Chen et al., 2019）。人類進化の過程で、生存闘争の選択圧が緩和し、言語学習能力が配偶者選択の要素となった可能性はある。

なお、シンボル理解能力は、脳の実行機能（Executive Function）の発達に関係している可能性がある。実行機能には、作業記憶、反射制御、認知的柔軟性の要素が必要とされ、慣習的な行動とは異なる新しい行動および思考パターンの獲得にそれらは重要である（Garson et al., 2008）。実行機能の能力を試す実験として「少ない方が〝多い〟」（キャンディゲーム）が知られている。「多い方を欲しい」がデフォルトなのだが、「多い数＝多いご褒美」という直感的反射を制御し、与えられた新しいルールである「少ない数＝多いご褒美」を記憶した上で、ルールシフトを柔軟に判断し、社会的に期待されていることを実行する。キャンディを数字にかえることによって、この遂行がチンパンジーでも可能と報告された（Boysen, 1996）。人間の幼児では心の理論が発達する三才以降でこの「少ない方が多い」課題ができるようになることが報告されている（Carlson et al., 2005）[*32]。

言語獲得による妥協と依存

人類進化史上、象徴的言語を獲得することによって、人間の自然や人間関係を含む社会環境の情報処理法を変えそれに応じた新たな進化を遂げることとなった。革命的に変わった記憶システムが備わった脳によって、実在する事物をはじめ虚構概念にも便宜上のラベルが貼られ、シンボル的サインだけでコミュニケーションおよび思考が可能となる（Deacon, 1997）。

言語使用によって特定の脳機能が拡張された一方で、別の部分での機能や、共通祖先が備えていた汎用性が制限されるようにもなったことも忘れてはならない。京都大学霊長類研究所の松沢哲郎のグループが明らかにしたように、飼育下チンパンジーの視空間的短期記憶能力は人間よりも格段に優れている（Inoue and Matsuzawa, 2007）。天才チンパンジーとして有名なアイや息子のアユム以外のチンパンジーも、平均で人間よりいい成績を示す。彼らは画面にランダムに映し出され瞬時に隠される数字一

～九を、小さい数字から順番に示された場所をタッチして見事に正解することができてしまう。人間の場合、子供は多少正解することができるが、大人には全くお手上げの課題である。松沢らによると、言語を獲得した人類は、脳機能においてチンパンジーとの共通祖先がおそらく有した優れた視覚刺激による短期記憶を失い、妥協をした可能性が高い。

一方で、人間の幼児にとって簡単な二項関係の対称性の理解がチンパンジーには苦手である。例えば記号と色のペアについて、色を見て記号（その色を示す単語）を選ぶという学習後にその逆で記号を見て色を選ぶ課題はチンパンジーには困難である。このような認知的違いも、上述した自分－他者－物の三項による相互交渉とともに言語能力獲得と関連する可能性がある（Matsuzawa, 2009）。

また、イメージによる思考が可能という高機能自閉症の人々の脳では、言語情報を処理する際の脳内ネットワークの低接続性が明らかになっている（Just et al., 2004）。言い換えると、言語を使う一般人の脳のネットワークは言語仕様に特殊化していると考えられる。

言語の特徴と人間の特異性

これまでの言語の特徴とその進化・発達についての考察をまとめてみる。現存する言語は多様にもかかわらず、そのほとんどが共通の構造を持つ。そして、幼児は母語を非常に容易に獲得できる。このプラトン問題については、まず、言語を獲得する能力にある程度の生物学的基盤があるという想定に加え、言語そのものが文化的選択によって幼児に習得されやすいものへと変化していったという説明が可能である。

言語の構造が複雑な思考を可能にしたことは間違いないが、構造の要素である言葉の特徴、すなわち象徴性が人間の思考の仕方や内容を劇的に変えた。言語に関わる能力について、動物との連続性は完全には否定できない。したがって、いつ起源し何のためにどのように進化したかというダーウィン問題の探求は続けられるべきである。ただし、それらの認知機能は象徴思考を含め複数あると考えられ、ウォレス問題で問われるように単純な自然選択では説明できない。学習能力、脳の特殊化および柔軟性、それらの進化・発達について更なる解明が必要である。

さて、人間を含む生物の客観的理解に話を戻そう。先述のように、生物の変異は、遺伝学の発展とともに極めて複雑なメカニズムによることが明らかになってきている。人類は進化史上のどこかで、自然および社会環境を象徴的に認識する特異な言語依存の生き物になった。言語という思考の道具によって格段に多くの複雑な情報処理が可能になったと同時に、自らを含めた自然界のバラつきをありのまま認識することは不得手となった。社会的合意があればシンボルの解読ルールは変更可能なので、意味だけではなく、それが示す枠や範囲、枠間の順位の想定さえも可能となる。そして、脳は虚構や幻想でしかない神、魂、国家、人種などを次々と生み出して「実体化」し、任意の解釈を大勢の人が共有することとなった。それらは社会学習によって疑われることもなく更に広く浸透していく。人間を含む生物の存在の科学的説明というダーウィンの試みは、間違いなく困難なものだった。

言語によって文化の蓄積は格段に効率的に行われるようになり、そして文明が築き上げられていく。人間の暴走の始まりである。

＊1　言語発達に関わる遺伝要因の探求は、言語以外の認知能力にはさほど支障がなく、また、通常の言語環境で生育されたにもかかわらず、言語習得が顕著に困難な幼児の研究から始まった。当時、発話中の文法の誤りを含む言語発達に問題を示す症状が、特定の家系、KE一族に集中しているということで家系図が調べられ、強い遺伝性が推察された。続いて、他の家族からも同様の症例が発見され、これまでにFOXP2をはじめ複数の調節遺伝子（ERC1, BCL11Aなど多数）の言語習得障害との関わりが報告されてきた（e.g. Eising et al., 2018）。一部の生成文法研究者は、言語の「跳躍的」進化の証拠となるとして遺伝子研究に期待したであろう。しかし、これらは言語習得にあくまでも「関わる遺伝子」であり、決して言語の遺伝子ではない。FOXP2については、様々な動物についても分析された。現生の人間と全く同じではないがその変異が鳴禽類の歌学習、ネズミの超音波コミュニケーション、コウモリのエコロケーションなどにも関わることがわかっている（e.g. Bolhuis et al., Yin et al., 2017）。また、化石ネアンデルタール、近縁のデニソワ人、そしてホモ・サピエンスのDNA研究から、特定のFOXP2変異型が加速した選択圧を受け現代人で頻度を増したのではないかと示唆された（Enard et al., 2002）。しかし、現代人の大きなサンプルを使って変異を分析した最近の研究によってこの仮説は支持されないことが示された（Atkinson et al., 2018）。現時点で、FOXP2の調整機能や言語進化との関わりについては、不明なことが多い。

＊2　日本でエスペラント語普及に努めた人たちの中に、平易な日本語により『種の起源』の普及を試みた動物学者の丘浅次郎がいる。彼の解説書『進化論講話』（一九〇四）は、ダーウィンの漸進的な進化と自然選択のメカニズムについてなど、忠実に解説されている。「退化もまた進化である、生存競争そして競争が無い場合も進化の原因となる」、そして人類の単原起源説などダーウィンの考えを踏襲した。しかし、社会運動家の石川三四郎から「丘氏の進化論は人間の理解力を愚弄した学説」と批判された（廣井・富樫、二〇一〇）。

＊3　ヘブライ語の「バラル―混乱・多様」と関連付ける説がある。

＊4　チャールズ・ダーウィン、『種の起源（下）』第十三章、一八一―一八二ページ

＊5　チャールズ・ダーウィン、『人間の起源と性淘汰Ｉ』、五八ページ

＊6　『人間の起源と性淘汰Ｉ』、五八ページ

＊7　『人間の起源と性淘汰Ｉ』、九八ページ

＊8　生成文法理論を支持しながら、言語構造のダーウィンおよびウォレス問題についても科学的に説明されるべきと考える研究者も少なくない。Fujita（2014）は、思考の道具と

して言語が確立される前の段階を埋める作業仮説として、動作制御に注目している。回帰的併合の認知機能は、人類の石器などの道具制作・使用などで、動作の組み合わせや階層的制御機能（action merge）として出現したかもしれないというのだ。考古学者からも道具制作の一連の動作と言語の両方が示す階層性が関連する可能性は指摘されており、脳神経科学的検証などが行われている（e.g. Stout and Chaminade, 2009）。

*9 例えば、「方角」を表現する場合、自分を中心にして表す相対的方法（前後、左右）と、絶対的方法（東西南北）の二通りがある。しかし、中には常に方角や方向を東西南北で表現する言語がある。北ナミビアの部族（≠AkhoeHai//om）では、実験者の両腕を突き出す動き（自分の右、右、左＝東、東、西）を真似た子供たちの多くが体を反転すると「逆」（自分の左、左、右＝東、東、西）に再現すると報告された（Haun and Rapold, 2009）。

*10 Preucel（2010）によるソシュールとパースの比較解説を参照。

*11 パースはダーウィンの自然選択による生物進化を強く支持していたが、思考や愛情については同様に説明できないと考えていた（Peirce, 1923）。

*12 パースの論文集（1974）およびPreucel（2010）によるソシュール記号学との比較を含む概説を参照。

*13 Uchida and Deacon（2017）、Behaviorでの学会発表。

*14 なお、多様な言語が派生する原因として地理的要素（山や森林による集団隔絶の可能性）や天候と食料生産の関係が指摘されているが（Hua et al., 2019）、パプアニューギニアなどの狭い地域での言語多様性については説明できていない。

*15 『人間の進化と性淘汰Ⅰ』、六三ページ

*16 『人間の進化と性淘汰Ⅰ』、六三ページ

*17 Wormack (2005), p.45,筆者訳

*18 d'Errico (2003), p.10, 筆者訳

*19 Carbonell and Mosquera (2006)

*20 Romandini et al. (2014)

*21 Texier et al. (2010)

*22 Henshilwood et al. (2004)

*23 Hovers et al. (2003)。なお、色素の使われ方や長期にわたるパターンの出現の仕方などの詳細をDeacon（1997）のシンボル考察も考慮しながら結論は慎重である。

*24 『人間の進化と性淘汰Ⅰ』、四六ページ

*25 Huth et al.（2016）は、人が物語を聞いている時、大脳皮質の左右両半球全体が活性するが、似た概念を持つ単語群（数字や社会）の活性部位は「固まり」を示した。この脳パターンは言葉の学習がもたらすと考えられる。

*26 飼育下の三頭のチンパンジーは、まず、複数の食べ物と道具（食べ物でないもの）を区別してきたら報酬を得るトレ

ーニングをする。その後、トレーニングでは使われなかった食べ物と道具が与えられ、それらを区別することができるかが試された。これには三頭ともパスした。次の課題として、まず食べ物と道具をそれぞれ違う形の図と対応させるとトレーニングを受ける。そして、別の食べ物と道具についてそれらをトレーニングで使った図と一致させる。三頭ともトレーニング段階はパスしたが、本課題をクリアすることができたのは二個体だけだった。対象物を食べ物と道具に仕分けするには、インデックス的関係性が理解できればクリアできる。だが、複数の食べ物、あるいは道具にそれぞれ特定の図形というラベルをつけ、そのラベルにトレーニングで使われなかった食べ物あるいは道具を対応させる作業には、単なるインデックス的関係性だけでは効率的に課題をクリアすることができない。そこで、シンボル的思考が必要となる。課題をクリアした二個体は以前から図形と言葉の対応の訓練を受けていた。それでも、二番目のトレーニングをクリアするのに数百回というトライアルが必要だったという。

＊27 記号シンボルがどう意味と結び付けられるかの説明は、Harnad（1990）が「シンボルのグラウンディング問題」と呼び、例として中国語／中国語の辞典をあげた。

＊28 接地・非接地は狭義のシンボルの特性であり必須ではないと考える研究者もいる（Namy and Waxman, 2005）。

＊29 言語における社会的合意の重要性は多くの学者が認識しており、哲学者のウィトゲンシュタインもその一人で、言語の使用者間で取り交わされる意思伝達上の合意を重視していた（Wittgenstein, 1953）。

＊30 『種の起源』第七章、二七一ページ

＊31 同じ二種のペアであっても、同所的に生存する場合と異所的に生存する場合では、餌をめぐる競争が減少する方向に、例えば鳥の嘴の大きさの分布が変わることが知られている（形質置換）。同所性条件下でのみ実際に遺伝的可塑性が失われたことがトウブスキアシガエルで確認されている（Lewis et al., 2017）。

＊32 このゲームのルールでは、被験者が提示された二つの皿のうちより少ない数のものが入っている方を指差して選ぶと正解となり、指差した方でない皿の数、つまりより多いご褒美が得られる。飼育下のチンパンジーは、皿に本物のキャンディがおかれていると反射的に多い方の皿を選んでしまう（Boysen, 1996）。キャンディを石ころに変えても正答率はさほど変わらない。ところが、数字がかかれたカードに換えると、少ない数の方を選んで多くのご褒美を得る正答率が格段に高くなった。ただし、Carlson et al.（2005）では、シンボルとして数字ではなく同じ大きさに描かれたネズミと象の絵を使っており、Boysen（1996）と同じ手続きを取っていない。

第5章

人類の暴走と限界

前章で見えてきた特異性、人間の心や行動の奇妙さを
本章ではさらに深く、「人間の暴走」という視点で考えて行きたい。
自然界のシステムの中で生存し進化してきた
他の動物と同じベクトルでの暴走だけでなく、
人間はそれとは異なるベクトルでの暴走を身体と心の両方で始めた。
そこには前章で考察した象徴思考の影響も大きい。
他の動物と手を繋がずに、独自に走り始めた人間は
いったいどこに行くのだろうか。

1　自然の闘いからの逸脱

程度あるいは質の問題？

ダーウィンは『種の起源』の最終章を次のように締めくくる。

このようにして、自然のたたかいからすなわち飢餓と死から、われわれの考えうる最高の事柄、つまり高等動物の産出ということが、直接結果されるのである。生命はそのあまたの力と主に、最初わずかのものあるいはただ一個のものに、吹き込まれたとするこの見方、そしてこの惑星が確固たる重力法則に従って回転する間に、かくも単純な発端からきわめて美しくきわめて驚嘆するべき無限の形態が生じ、いまも生じつつあるというこの見かたの中には、壮大なものがある。[*1][*2]

彼は、物理学的法則の普遍性に倣って生命の長大な時間と自然選択理論を改めて強調している。そこには、想像を超える生物が出現しつつある可能性に思いを馳せ、科学にもとづく自然への畏敬がうかがえる。

人間と高等動物の精神の差がいかに大きいとしても、それは程度の問題であって、質の問題ではない。[*3]

人類は「自然のたたかい」の産物であることは間違いない。しかし、進化史上で派生してきた人間の身体や心的能力、そして文明が単純な自然選択の結果ではないことは明らかである。当然ながら、ダーウィンの思索が人間の認知的・文化的側面にまで十分に及んでいないのではないかという指摘は多い（e.g. Laland, 2017）。だが、当時の学問的背景、そして何よりダーウィンの主目的が動物と人間の進化的連続性を自然選択理論によって説くことであったことを考慮すると、このような大胆な発言も彼の戦略として理解できる。産業革命の中心であるイギリスで、彼は人間と動物の知的活動における「程度の違い」だけではなく「質的違い」も十分に認識していたはずである。

ダーウィンの未来を生きる私たち現代人は、自然の領域からさらに外れてしまったように見える。本章では、その外れ方、人間の身体と心の暴走（ランナウェイ）について検討したい。なお、暴走という日本語は、制御不能で本来起こるべきではないという負の意味合いが強いかもしれない。しかし、ここでは単に自然界の一般的調和原則から外れて極端な特徴が生じるという意味であり、良し悪しの価値評価とは無関係である。暴走しているように見える人間の特徴には、単に他の動物と同じベクトル上で程度問題にすぎないものと、質的に異なるベクトルにシフトしたと考えられるものもある。また、そのスピードや限界に生物学的基盤および社会的要因から受ける影響も一様ではない。

赤の女王——進化の駆動と制御

人間の奇妙さは、自然界の一般原則から学ぶことができる。赤の女王仮説は、ルイス・キャロルの『鏡の国のアリス』（一八七一）の一場面から命名された（Van Valen, 1973）。赤の女王はアリスの手を引いて、全速力で走りながら言う。

「ここではだね、同じ場所にとどまるだけで、もう必死で走らなきゃいけないんだよ。そしてどっかよそにいくつもりなら、せめてその倍の速さで走らないとね！」[*4]

生物は互いに影響を及ぼしあっており、多くは協力、搾取あるいは軍拡闘争状態にあると言える。したがって、自然界では複数の生物が好むと好まざるにかかわらず手を繋いで走っている。そして、遺伝的変異はランダムに常にどの生物にも起こっている。もし、ある生物が変化の蓄積で一歩先に出ようものなら、それと関わる全ての生物もそれにあわせて先に出ることになる。したがって、一緒に手を繋いで走る生物はみんな変化し続けなくてはならない。生物が生息し続けるとは変化し続けることである。ヴァン・ヴァレンはこの状態を「赤の女王」のイメージで考えた。その変化に迅速に対応するためには、変異を確保しておく方がよい。そこで、無性生殖よりも変異を有効に生み出すことのできる有性生殖が出現したと説明可能である。

「赤の女王」は、絶え間ない変化を維持・促進するいわば進化の駆動エンジンであると言える。このシステム内では、生物単独で飛び出して先をゆく、つまり暴走することは決してできない。一個体内でも同様で、特定の部位や機能が他の身体あるいは心を置き去りにして飛び出すことは原則できないことになっている。つまり、「赤の女王」は生物の暴走を制限するシステムでもある。

自然界でも個体内の形質の暴走は知られており、主なメカニズムとしてランナウェイ的性選択で説明されている。*5 例えば、鳥類の雄の形態や求愛行動は華美で誇張されたものも多く、どうしてそこまでと驚かされるものも多い。これらは、おそらく小さな祖先集団での雌の配偶者選択の偏向にポジティブなフィードバックが働くことで、世代を越えて頻度を増してきたと考えられる。また、約一万年前に絶滅したオオツノジカや剣歯虎では、雄間競争と雌の選択が暴走した結果として、角や牙が身体の大きさに比して著しく巨大になってしまったと考えられる。

しかし、進化の過程で一斉徒競走から飛び出した人間の場合、多くの暴走する特徴はランナウェイ的性選択だけでは説明できない。本書第3章で紹介したニッチ構築と呼ばれる進化モードでは、動物が自らの環境を変えることによって自然選択の強さや方向が変わり、それに応じて動物は従来とは異なる変化をとげる。人間の暴走には、おそらく蓄積性を持つ文化的行動と言語が大きな役割を果たしたのであろう。これらを可能にした能力で自然および社会環境そのもの、それらとの関わりを次々と変えていった人間は、それに応じた変化を遂げていく。ここで注目する暴走は、遺伝子頻度変化を伴う心身の進化よりも、むしろ生理学的反応の変化、脳の使い方の変化、そして複雑な道具の制作、食糧生産や様々な科学技術の創造などである。

生理学的暴走——身体

「生理学的暴走」は、生物進化の過程で対応するブレーキが装備されなかった心身の特徴において生じる。人間がいかに環境を改変しても、長い時間をかけて進化してきた生理学的システムは、従来通りの反応を続ける。特異に見えても、このような人間の暴走は動物との連続性が明らかである。他の動物を快適で安全な環境下で人工的に飼育すれば、同じような生理学的暴走は起こる。

近代社会での肥満や、高血糖、高血圧個体の増加は典型的な身体の生理学的暴走の例である。動物にとって、空腹時に餌を食べ入手困難な栄養を効率よく摂取し、飢餓状態でも生き延びることは重要な課題であり、そのための適応的メカニズムが進化した。当然ながら、食料生産と容易な食料獲得がもたらす余剰の栄養とエネルギー摂取に対して、生理学的ブレーキは不十分である。食べても太らないという非効率なエネルギー代謝の個体は存在するが、頻度増加の傾向は確認されていない。なお、食生活の変化に対応すべく比較的短期間で起こった進化もある。例えば、乳製品を多く摂取するようになった北欧や中央アフリカなどの集団では、成人でも乳糖分解酵素が働く遺伝的変異の頻度が約一万年以内に急激に高まったことが知られている（e.g. Vuorisalo et al., 2012）。

火や道具など外敵から身を守る手段の獲得、そして生活環境での怪我、病気など様々な危険因子が軽減されると、死亡率は特に乳幼児で低下する。その結果として平均寿命は延びる。[*6] 動物園の動物やペットは野生状態よりも寿命が長く、過食や運動不足による肥満の問題とともに対応が必要となっている。

人口増加も文化・文明と生物学的基盤の両方の要因によってもたらされた。農業・牧畜開始後の微増、そして産業革命後の爆発的な増加は、女性が繁殖へエネルギー投資しやすくなったことによる出産間隔の短縮が、乳幼児の死亡率低下とともに主な要因である。なお、インドなどの社会でいずれかの性が偏重される場合、その性の子供を複数持ちたいという親族の動機から家族計画が浸透せず、人口増加の一要因となる。

性成熟の早期化も、生物学的基盤から予測可能の暴走である。今や十歳以下の女児の出産も珍しいニュースではない。人類は進化過程で、出生後の脳の成長期間を伸ばし子供期を延長するという遅い成熟パターンを適応的に獲得した。しかし、幼児期に高エネルギーの食糧が簡単に得られるという環境は、一九世紀以降の先進国で性成熟を早めていった（e.g. Wyshak et al. 1982; Ong et al. 2006）。低年齢での妊娠出産は、母体と胎児の両方にとってリスクが高いだけではなく、出産後の精神的、経済的な苦難は大きく、母親は高等教育をあきらめざるを得ないケースが多い。さらに、乳がんなどの疾患リスクも高めることが知られている（Black et al., 2012; Key et al. 2001）。

生理学的暴走——心

アルコール、タバコ、鎮痛剤やゲームなどへの依存も心の生理学的暴走である。確かにいずれも文化的産物だが、生理学的な基盤の動物との連続性は明らかである。人間も他の動物も特定の化学物質の摂取や行動によって快感が得られる。だが、その快感を頻繁にそして過剰に経験できてしまう人工的環境に置かれると、自らの意思や行動が乗っ取られる依存症になるまで暴走してしまう。

男性ホルモンの一種テストステロンも現代社会で暴走しているようである。テストステロン値は日内変動も大きく個体差も著しいが、加齢変化についても集団間で平均的パターンが異なる。欧米や都市部アフリカの集団で青年期から成人前半にかけてテストステロンレベルは顕著に上昇してピークに達しその後減少する。しかし、狩猟採集民アチェでは若年期の増加はさほど著しくはなく減少の勾配も緩やかである（Ellison et al., 2002）。豊富なタンパク質が簡単に得られる食生活がテストステロン値の大幅な上昇の背景にあることは間違いない。それに加えて、社会的要因の役割も大きいと考えられる。

鳥類の研究から提示された「チャレンジ仮説」によると、挑戦を受ける・挑戦的行動をとる状況におかれた雄のテストステロンは上昇し、それ以外では抑えられる（Wingfield et al.,1990）。人間の男性にとっての挑戦の機会や要因は多様だが、「チャレンジ仮説」の原則は当てはまる。直接的・肉体的闘争だけではなく、スポーツチームや政党の応援、投資行動など、社会環境の様々な「チャレンジ」によって男性のテストステロンが変動することがわかっている（e.g. Archer, 2006）。したがって、チャレンジの機会頻度が高く、対立の激しい社会で、男性のテストステロンは生殖に必要な基礎値から著しく引き上げられる。*7

なお、攻撃性増強との関係が強調されがちなテストステロンだが、ゲームなどの実験では、対戦相手が外集団メンバーの場合に特に大きく変動すること（Wagner et al. 2002; Oxford et al., 2010）、さらに相手が仲間となると利他的行動を促すことも示唆されている（Reimers and Diekhof, 2015）。また、オキシトシンについても向社会性や信頼感を高める効果は対内集団メンバー限定で、集団間では攻撃感情を高めることが報告されている（de Dreu et al., 2011）。*8

象徴的暴走

薬物中毒のメカニズムとは異なるが、ほとんどの人間は言語に依存しており、脳活動の一部は言語に支配されているといっても過言ではない。この暴走は、他の動物の生物学的基盤の延長線上とは異なるベクトルを示し、人類進化史上で別の「相」に移行したようにみえる。動物との違いは、生理学的暴走が程度の問題ならば、象徴的暴走はやはり質の問題である。

前章で述べたように、言葉は記号論的シンボルであり、言語はシンボル間の関係性を自由に解釈し説明できる。象徴的言語によって獲得した動物とは別次元の能力は、先述の実行機能や高次のメタ表象能力の他にも、芸術、文学に哲学など多数ある。改めて語るまでもなく、これらの比類ない人間の知性が人間の文明を築き上げた。

ここでは、人間の仲間や身内の認識に再度注目し、その暴走を検討する。他の動物同様、人間社会において内集団および外集団の区別は限られた資源の分配において重要である。動物の場合、仲間は血縁や互恵性をもとに認識されるが、人間の場合は象徴的言語による。霊長類一般で、自分の生まれた集団から雄または雌が出て行く拡散パターンは種ごとに決まっている場合が多い。チンパンジーでは雌が出て行き、雄は父親と同じ集団にとどまる。ニホンザルの場合は、雌が生まれた集団に止まり雌同士で血縁の近い集団となる。だが、人間は仲間の分け方を任意に変更できる。例えば、他人の配偶者、そしてその親や親戚も身内である。現生狩猟採集民では母方・父方いずれかに決まっておらず両方という割合が約三分の一で、結婚後も夫または妻の親族間で移動し居住集団を変えることも珍しくない（Hill et al., 2011）。

特定の雌雄ペアによる社会的・感情的に強い結び付きの継続は、人間固有の婚姻という社会的制度で補強される。繁殖相手の家族を含む「親族」という認識も人間独特である。夫婦、親族というユニットは手のかかる子育てを協同で行うために有効であったと考えられる。しかし、象徴的な枠でしかない身内、家族、夫婦の結びつきに強くとらわれ、思い込みが歪んでしまうと所有・支配、あるいは依存する感情となり、その暴走が、他の動物にはみることのないストーカー行為、家庭内暴力や寄生的ひきこもりである。

ペットさえ大事な家族と認識することは当たり前であり、病気や死の際には親族の場合同様に心的ストレスを受ける。象徴的思考による内集団操作は、実際に会うことのないサイバー空間上でも可能である。同じサッカーチームのファン、あるいは同じ作曲家や小説家が好きなどの共通項さえあれば仲間になれる。実際に戦う敵だけではなく、仮想敵の創造も容易にできる。仮想敵の想定は、実際に戦闘状態になくとも、内集団を結束する戦略として有効とされる。

集団のサイズが大きくなれば、内・外集団にラベルをはるだけではなく、集団内を「塊」に分けて差異を強調し序列を設定する（組織化する）ことで、特定の層、例えば宗教団体、王族あるいは武士たちが統治しやすくなる。[*9]

先述のように、仲間・敵の認識によって生理学的な変動も影響を受ける。なお、チンパンジーや人間の特に若者では、単独よりも集団で行動する際により攻撃性や暴力傾向が増すことが知られている（Wrangham and Wilson, 2002）。人間の場合、言語によって敵・味方の区別を明確にかつ継続的に認識することで内集団愛は高まり、「敵」に対する暴力行為のハードルは低くなり更にエスカレートする。更に、相手を非人間化して認識すれば、暴力を正当化でき、情動的ストレスを減らして実行できるとも考えられる（Smith, 2007）。

個体間と集団間の軋轢は、言語の曖昧さによっても増長される可能性が高い。まず、解読の鍵を共有しなければ意味不明だし、解読を間違えば誤解が生じる。同じ言葉であっても、必ずしも真意は正確に伝わらない。闘争の解決には互いの信頼関係の再構築が必要となり、チンパンジーなど霊長類では毛づくろいなどの行動によって喧嘩相手と仲直りをすることが知られている（de Waal, 1990）。だが、人間の場合、話し合いは必ずしもいい結果をもたらさない。

人間以外の霊長類でも情報操作は知られているが、[*10] 言語による情報操作は、動物コミュニケーションと比べものにならない。何が事実なのかわからない情報が人間社会には氾濫している状態で、人間は信じたい情報を探して取り入れる傾向がある。ユダヤ人虐殺や月面着陸の真偽が真剣に議論されて久しいが、アメリカでは地球が平らであると信じる人たちもインターネット上で普及活動をしているそうだ（Furze, 2019）。

このように、人間の象徴的暴走は必ずしも誇らしいものだけではない。意見の「異なる」集団を創造することが可能な抗争は、技術的発展により巨大な規模へと暴走してしまった。

エジソン的暴走

ダーウィンがもし同時代のメンデルと会話できていたら、生物学は違う展開をしたかもしれない。通信情報技術の発展は、地球上の人々の繋がり方や、言語による情報収拾をさらに著しく変えた。これは人間の技術的進歩に見られる「エジソン的暴走」の一つといえる。「必要は発明の母」という有名な諺があるが、千以上の特許を取得した発明王のトマス・エジソンの考えは違っていた。

不安は不満である。進歩にまず必要なのは不満である。完全に満足しているという人間をつれてきなさい。それが嘘であると示してみせよう。*11

先述のように動物の文化と人間の文化の違いはその蓄積であり原則的に後もどりしない。それを可能にする認知的機能として同調性指向の高さが考えられる。もちろん人間の手の器用さは大変重要だし、言語の使用も有効な文化の蓄積を可能にした。そして何よりも、人間が抱く「不満を解消したい」という欲望とそれにかける情熱や忍耐は、他の動物と比べて特別なようである。人間の文化・文明は、明らかに不満を推進力としてきた。これがエジソン的暴走である。

わずかな不便という不満があれば、それを解消すべくあらゆるものが創り出され改良されてきた。より早い馬や車などの乗り物、より高い建物、より生産力の高い作物や家畜などは不満から考案され、実現されていった。機械では決して真似できないコンマ一ミリを見分ける目や指の感触という匠の技とも言える身体的暴走も不満と飽くなき探求の産物である。遠隔手術を可能にする医療機器ダヴィンチと、その先端につけられる精密なメスの制作動機の根源は同じであろう。

さらに、明日、明後日、そしてその先の未来があるという独特の象徴的概念の認識で、人間は不満解消のため長期的努力を維持できる。遠い将来にくるかもしれない報酬による快感の期待など、他の動物は一切しない（Sapolsky, 2017）。自然界では単なる徒労にみえる努力のインセンティブが可能になったのは、環境の人工的改変によって生存や繁殖の選択圧が減少したからである。同時に、人間の社会的競争の方が著しく高まり、個人はもちろん集団の不満を解消する需要が高まった。それに対する時間やエネルギーの投資が増加し、極端なモノの産出とエスカレートしていく。この現象は、社会的ランナウェイ（暴走）選択として捉えられる（e.g. Flinn and Alexander, 2007）。

2 暴走の限界——置き去りの心

歪んだ科学技術と身心

暴走する人間の特徴は生物学的基盤からの制限の受け方がそれぞれ異なる。暴走の偏在と限界から、人間という生き物がみえてくるようである。

生理学的な暴走は、物理学的・生物学的メカニズムの制限から無限に続くことはあり得ない。当然ながら肥満や寿命延長には限界がある。人口については、一九七〇年代以降に増加率は減退してきており、日本などでは経済的意味合いから少子化が深刻といわれている。この傾向は、自分の不満や不安を客観的に考え、特に女性にとって「ある程度」選択の可能性を認識し、「ある程度」自分で選べるようになった社会状況を反映している。

技術面でのエジソン的暴走は際限ないようにみえる。ただし、暴走の速度は、分野間で大きく異なり技術発展の偏在は著しい。例えば、人工的に流れ星を作る技術が可能であってそれを実現する資金が集まる一方で、地球上の十人に一人が衛生的なコップ一杯の水にいまだにアクセスできずにいる。

暴走によって生じた不都合は、別の暴走で解決しようという試みもみうけられるが、その効果は一様ではない。例えば、肥満という深刻な生理学的暴走を、食品業界はこぞってエジソン的技術開発でなんとか制御しようとしている。しかし、低カロリーあるいは吸収されにくい食品、摂取・消費カロリーを管理する装着可能な機器とプログラムなどがどれだけ普及しても、おそらく肥満問題は簡単にはなくならない。

花粉症で悩まされる人は多く、日本では一九六〇年代以降、経済的効率の観点から杉などを大量に植えたことや食生活の変化などが主な原因とされる。花粉症の場合、将来的に爆発的に増えることは生物学的視点をもてばアレルギーの専門家に限らず予見できたはずである。この「人災」ともいえる生理学的暴走の花粉症を含めた免疫アレルギー疾患については、対処治療だけではなく、ワクチン開発や根本的治療に向けての取り組みが急務となっている。[*12]

生命科学領域での技術開発の著しい偏在は、様々な「社会的需要」という思惑に影響を受けている。例えば、男性向け避妊薬の研究が大幅に遅れているにもかかわらず、ヴァイアグラなどのＥＤ治療薬は開発も承認も驚くほど速かった。一方でＨＩＶへの対策では、初期の患者グループに同性愛者が多かったこともあり、検査薬と治療法の開発が迅速に行われず多くの命が失われてしまった。

不妊治療での体外受精はもはや通常施術になり、再生医療やゲノム編、そしてゲノム選別まですでに現実のものである。以前は家系から疾病の発現確率を推測し婚姻や妊娠を避ける手段が取られていたが、新型出生前診断では、妊婦の血液中の細胞外DNA検査で胎児の遺伝的疾患を調べることができる。出生前に例えば染色体異常がみつかった場合、中絶を選ぶ夫婦は少なくない。ただし、生命の始まりをどの段階とするかなど、中絶の是非に関しては今もなお激しい議論が続いている。[*13] 新たな医療技術を次々と獲得していく人間だが、当分の間、繁殖機会とその選択について恩恵を受けるのは比較的裕福な人たちに限られる。優生思想の負の遺産を踏まえると、社会そして個人レベルの両方で人間のバラつきの操作とその制御の基準の設定は困難な課題である。

原子力利用の技術も、強力なエネルギーを生み出す仕組みを作るというエジソン的暴走の産物である。原爆や原子力発電所は、人間が短期的視野で利益を得るという判断で作られた。しかし、長期的視野で全人類にとって必ず不都合となることは明らかだった。最大の課題である廃棄物処理については、人間の未来に対する楽観主義で、「近い将来」に何とかなると考えたらしい。ただし、解決の兆しはみえていない。ここでも、未来という概念の曖昧さが弊害となる。

可変でも偏狭な仲間意識

象徴思考によって、アニメの二次元キャラクターが仲間となり、ライブコンサートにも熱狂できるのなら、内集団は際限なく拡張可能なはずである。しかしながら、人間の集団間闘争、地理的境界の不明な「集団」との戦いも含め世界各地で続いている。

集団間の違いが強調され、差別意識が強化されると、相手集団に属する人間は、決して同等ではなく見下すこととなる。第二次世界大戦中、日本人にとってアメリカ人は鬼畜であり、アメリカ人は日本人を猿同然とみなした。もちろん、鬼畜や猿が人間より下という前提で、である。近年、中国企業によるアフリカへの進出が著しいのだが、ある中国人ビジネスマンがケニア大統領を含む現地市民を猿呼ばわりしたビデオを投稿したことで国外退去となった。*14 私たち人間は、長期間変わらない偏狭な心で過ちを繰り返している。

ある歴史家の投稿記事によると、アイルランド人の高祖父とアメリカで生まれた女性のヴァージニア州が発行した一八八四年の婚姻証明書では、二人とも「有色人種」となっている一九四〇年代までヴァージニアではアイルランド移民は「白人」とみなされていなかったというから驚きである。*15 優生思想をもとに「人種」を隔離し、「純粋」なままに維持するという、非科学的な考え方が多くの人々に信じられていた時代のことではある。

人種間の婚姻を忌む風習が世界各地でごく最近まで続いていたことは周知の通りで、アメリカのアラバマ州では二〇〇〇年にようやく合法となった（Head, 2018）。また、ダコタ・アクセス・パイプラインを巡る対立に象徴されるように、現在に至るまでアメリカ先住民の土地と生活に関わる権利も残念ながら蔑ろにされている。*16*17 さらに、中東や南米など政情の不安定が続く国々から膨大な数の難民・移民が発生している欧米諸国では彼らを「よそ者」として受け入れに強固に反対する政党への支持が少なからずある。ただし、それらの国々で、低賃金労働を担っているのは主に移民の人たちである。

奴隷制に反対する国際機関によると、現在、世界中で四〇〇〇万人を超える人々がいわば奴隷のように働かされ、労働力や性の対象として売買の対象となっており、民間企業だけではなく国家ぐるみの組織も多い（Anti-Slavery International, 2018）。その内訳は子供や大人の強制労働が約三五〇〇万人、約一五〇〇万人の女性の強制的婚姻、約五〇〇〇万人の性奴隷などである。人身売買を伴うケースも非常に多い。[*18]

本書第2章でも述べたが、ダーウィンは奴隷制度について「血は煮えたぎり、心がふるえる」と嫌悪していた。

> 奴隷の主人たちを好意的に見たり、奴隷に冷たく接する人は、こうした奴隷の立場になって考えたことがないのだろう、――これはなんと、変化の希望すらない絶望的な展望であろうか！[*19]

英国は二〇一五年に「現代の奴隷法」を発行した。これは、グローバル化が進んだ結果、衣料品、食品、日用品などあらゆる商品を販売する大企業がサプライチェーンを十分に把握しておらず、末端の労働者が極めて悪条件で搾取されている現状を改善することを目的とした法律である。[*20]二一世紀になっても、世界中で人身売買、民族や宗教対立、性差別などがいまだに行われていると知ったらダーウィンはどう思うだろう。

過去の歴史から学んで戦争回避を目的とした欧州連合にいちるの光を見たのだが、英国を筆頭に自国の離脱を望み、移民を排斥し自国民を優先する声は各地で大きくなっている。エジソン的暴走によってサイバー空間、さらに宇宙にまで発展した人間社会だが、そこで繰り広げられる覇権争いは、他の動物と同じベクトル上の軍拡闘争にすぎない。現代人が依然として進化的遺産、生物学的基盤から制限を受けている証拠と言える。

AI――心の創造?

生物進化史上革命的な情報処理能力を獲得した人間の脳だが、それが産み出した人工知能（AI）は、さらに圧倒的な量の情報を記憶し処理し、そして判断する能力を獲得した。課題に対する解答を出すスピードはもちろん、個人の脳で通常導き出せない解や選択肢もAIは提示することが可能である。発展途上のAIが処理するデータはあくまでも人間によって取捨選択されていた。導かれる解答が誰にとってどの時間軸で最適かを人間が設定するため、必ずしも人間社会のバイアスを排除できないこともある。例えば、初期の顔認証ソフトで肌の色の濃い人の識別が難しいという報告には、多くの人が唖然としただろう。[*21]

貨幣経済は象徴思考とエジソン的暴走が合体したものであるが、更に仮想通貨市場が広まっている。最近の株式市場では、専門トレーダーではなくもっぱらAIが中心となっている。[*22] ただし、景気予想をする際には、ソーシャルメディアも「情報源」として使われているそうだ。したがって、エジソン的暴走がもたらした素晴らしいAI技術だが、そのパフォーマンスは信頼性が決して高いとは言えない言語による情報と素朴な判断によって少なからず左右されるという、皮肉な状況になっている。

では、人間の脳を再創造することは可能なのだろうか。そもそもコンピューターはデジタル信号を使い、音あるいはイメージなどの特定の刺激を与えれば、一定のアウトプット、つまり反応が生じる。脳の神経細胞はアナログでありそうはいかず、同じ刺激を与えても反応にはバラつきがある。バラつきの理由として、神経伝達の不備や感覚器相互の干渉も影響している。通常、技術者はこのようにバラつく「不都合」な仕組みの制作を求められていない。また、刺激が全くない状況でも脳細胞は働いている。これが脳の日常は「やかましい」と表現される所以である（Rollsand Deco, 2010）。長大な過去の遺産、認知心理学者の下條信輔が「脳の来歴」と呼ぶものも引きずっているのでかなり騒々しいだろう（下條、一九九九）。

ランダムに生じているかのような複雑なノイズと意思決定は確率論的（stochastic）神経動態原則などで説明が試みられている。ただし、無駄なように思えるノイズも学習に役立っている可能性がある（Segal, 2019）。将来、人間の脳ができる様々なことを実現するＡＩの設計は可能であろう。しかし、過去の進化的妥協や失敗の来歴を再現し、バラつきを許容し膨大なノイズの中で柔軟に思考する人間の心をもう一度再創造することは不可能と考えられる。

ＡＩには難しいとされているのが人間の感情の理解である。現代社会では「発達障害」が注目され、このカテゴリーの診断される人口が先進諸国で増加している（e.g. Boyle et al., 2011）*[23]。この「障害」の定義は症状の多様性から非常に難しいのだが、何とかラベルをつけて認識し対処するようになっている。この「カテゴリーの人たち」は、自身の感情コントロールができないあるいは他人の気持ちがわかりにいことで社会的適応が難しい場合が多いとされる。原因も明確には理解されていない。ある精神医学の専門家は、現在「障害」として認識されている症状群の集団内でのバラつき具合だが、将来は標準になっているかもしれないという。ＡＩが人間の感情を十分に理解し適切に対応するためには、おそらくこれまでに出版された小説や映画の画像全てを読み込むぐらいの学習は必要なのだろう。いや、もしかしたら、過去も含め多くの心を学習できるＡＩに、人間が感情を学ぶようになる可能性もある。

人間の脳とは比べ物にならないＡＩの優秀さの一つは、忘れない、ということである。膨大なデータを納めても、過去の記録は消されないというプログラムは可能である。例えば、ＡＩが画像から病気の診断をする場合、大量のデータを記憶しそれを分析した上で病気の可能性を確率順に提示することができる。医者個人には明らかにできない技であろう。

人間の脳はどうして忘れるのか。単に、神経細胞の数が足りないというような物理的な制限が原因ではなく、忘れることも生きていく上で重要で適応的だったのではないかという考え方は珍しくない。ウィリアム・ジェームス、ニーチェ、そしてフロイトも忘れる能力を有益なものと捉えていた（Nørby, 2015）。特に、自然災害や紛争などで甚大な悲しみや過ちを経験したなら、それを忘れ、またはある程度リセットする能力がないと、前を向くことは難しい。多くの慣習や宗教的儀式において、永遠という象徴的な思索の際に、ある程度の時間経過の後にリセットしてゼロに戻るという浄化が組み込まれたものは多い。明らかにＡＩはこの儀式は必要としない。特定の文脈の記憶を選択的に残しておく人間は、当然ながら、忘却と付随する楽観主義のせいで悲劇も繰り返してしまう。

果たしてＡＩは新たな宗教を創り出すのだろうか。これは必ずしも途方もない問いではない。チェス、将棋、囲碁、そしてポーカーゲームなどですでに人間はＡＩに敗北し、[*24] ＡＩで導き出される解やその思考プロセスが、人間では説明・理解が難しいとさえいわれる。生物の脳とは全く異なる知的システムの展望にワクワクすると同時に、やはり不安も感じざるを得ない。コンピューターサイエンスの研究者は、発展型ＡＩシステムの思考（情報処理）が人間だけでなくＡＩ自体にも説明・理解不能となる可能性を指摘する。人間は不具合の発見すらできず、ただ「神のお告げ」のごとくＡＩの出す答えを扱うようになるとも予測される（Yampolsky, 2019）。人間の暴走以上に、ＡＩの暴走を止めることは難しいようだ。

宗教と科学

納得できない、わからないことを放っておけないという人間の不満は、象徴的暴走によって宗教、心霊主義を生み出した。実在しないが社会的に共有されるシンボルの想定、それに超自然的な力を付与することであらゆることの説明は可能となる。言語の特性から複数人によって関連性があると認識されれば、いくら証明が怪しくとも因果性をこじつけることができる。白か黒かのはっきりした答えが提示されれば多くの人々は安心する。もちろん科学も、象徴思考によって可能になったのだが、こちらの説明は、必ずしも明解ではなく、特に生物学では常に例外の存在やバラつきについて統計的に議論されなくてはならない。

ダーウィンは、生物の存在についての超自然的な説明に不満を抱き、科学的に追求した。時代を先取りした彼の考えは、ある意味暴走していたといえる。彼の知的遺産によって生物科学は間違いなく著しく発展した。しかし、一般社会での生物進化の理解はほとんど停滞し、あるいは誤解されている。一九二五年テネシー州で行われた「モンキー裁判」は、高校教師のスコープスが授業中にダーウィンの進化論を取り上げたとして、それが公立校で人間の進化について触れることを禁じた法[*25]に反すると提訴された事件である。聖書を文字通り捉える保守層と政治家がダーウィンの進化論を取り入れた科学という「progressive（革新的）」な考え方を厳しく糾弾する対立である。なお、全米向けに初めてラジオで生中継された刑事裁判でもあった。[*26]

「風の遺産（inherit the wind）」はこの事件を戯曲化[27]（Lawrence and Robert, 1955）したもので、「六日間で世界を創造できるのか」「今日の六日というわけではない」など検察と弁護側の熱を帯びたやりとりが再現される。劇の終盤、もともとは友人関係にあった検察官と弁護人の台詞が興味深い。検事のハリソン・ブレディは昔の友好関係を懐かしみ、異なる立場になり考え方が遠く離れてしまったのを嘆くと、ヘンリー・ドラモンドがつぶやく「全ての動きは相対的なもの。おそらく君が立ち止まったままでいたから、私たちは離れていったのだ。」

二一世紀の現在もなお、ダーウィンの伝えたかったメッセージは、多くの人々がより心地良いと感じる脳の象徴的産物よって浸透が制限されている。自らの客観的理解という知的探求において、人間は暴走の途中で立ち止まったままである。

＊1　チャールズ・ダーウィン、『種の起源（下）』訳注（65）、四〇二ページ。第二版では、「〈造物主〉によって吹き込まれた」と修正。生命の起源については神の存在を認める姿勢を示し、批判を幾分かわそうとしたと考えられる。

＊2　『種の起原（下）』第十四章、二六一－二六二ページ。

＊3　チャールズ・ダーウィン、『人間の進化と性淘汰Ⅰ』、九七ページ

＊4　ルイス・キャロル、『鏡の中のアリス』、第二章

＊5　ランナウェイ選択は二〇世紀前半にR. A. Fisherによって提唱された雄の過剰に装飾的で複雑な形態や求愛行動の急激な進化を説明するメカニズム。祖先集団内の雌の配偶者選択の偏向が暴走した結果と考える。その後、A. Zahavi（1975）は雄の生存には不利となるような華美で誇張された形質については、ハンディキャップではあるが、それを物ともしない雄の高い資質のシグナルとして雌は選んでいると、ランナウェイ仮説を発展させた説を唱えた。なお、雌が選ぶ

ものの中にはハンディキャップとはみなせない形質もあり、それらの形質もランナウェイ選択で説明することが可能である。

*6 ある年の平均寿命は、その年に生まれた〇歳児の平均余命のこと。なお、加齢の要因は様々であり、その一つである酸化とその制御も生物間で一様ではない。

*7 テストステロンの急降下は男性の更年期症を伴い加齢や喫煙の要素が示唆されているが適切な縦断的研究が必要である（Travison et al. 2007）。

*8 オキシトシの認知的効果については、性差を含め様々な状況での研究が続けられている（Shamay-Tsoony and Abu-Akei, 2016）

*9 Anderson（1983）は共同体とは人間の「想像」の産物にすぎず、資本主義と印刷技術が「致命的」な人間言語の多様性とあいまって、今日のナショナリズム（国家主義）構築に大きな役割を果たしたと考えた。

*10 チンパンジーではエサを見つけた時に発するコールを独占するためにあえてしない、自分より強い相手によって攻撃を受ける際に口元に出てしまう恐怖の感情を手で隠す、傷を負った手をライバルが覗き込んだ際に隠す、雌との交尾を上位雄に見られないようにするなど多数知られている。

*11 Petroski（1992）、p.249での引用、筆者訳。

*12 厚生労働省、「免疫アレルギー疾患研究10か年戦略」について（二〇一九年一月二三日発表）。

*13 アメリカでは二〇一九年五月以降、他人および親族による強姦の結果としての妊娠も含め、中絶の施術を禁止する法案が議論となっている。Amnesty Internationalのウェブサイトを参照。

*14 The Japan Times、AFP News（September 6, 2018）

*15 O'Malley（2012）、アイルランド研究者の三神弘子氏からの情報提供。

*16 ノースダコタ州で産出される石油の輸送費削減を名目に建設される広範囲にわたる施設で、スー族をはじめ約二〇〇部族の先住民は彼らの水資源が脅かされるとして、建設を反対した。オバマ大統領は建設計画を一時中止したが、トランプ政権になって再開する大統領令を出した。稼働開始後、複数回原油漏れが起こっており、安全な水を保証する対策が十分でないとして反対運動は続いている（Brown, 2018）。

*17 日本ではアイヌ民族を「先住民」と初めて明記した通称アイヌ新法が二〇一九年四月一九日に成立した（松山、二〇一九）。

*18 Anti-Slavery Internationalのウェブサイト参照。

*19 チャールズ・ダーウィン、『（新訳）ビーグル号航海記（下）』、四五八ページ、傍点部は筆者による翻訳の修正。

*20 UK Legislation, Modern Slavery Act 2015

＊21 Vincent（Jan. 12, 2018）, THE VERGEを参照。

＊22 ケヴン・メイニー、News Week日本版（二〇一七年八月三日）

＊23 アメリカでは二〇〇八年で一七才以下の子供では六人に一人の割合（Boyle et al., 2011）

＊24 Simonite（July 11, 2019）, WIRED

＊25 バトラー法、Butler Act（1925）

＊26 The monkey trial, U.S. History.org.を参照。

＊27 Inherit the wind（邦題『風の遺産』）は一九六〇年にStanley Kramer監督で映画化された。

終章

ダーウィンのメッセージ再び

ダーウィンと科学

最後に、改めてダーウィンのメッセージの二一世紀における意義、そして人間と科学の関わり方について考えてみる。『種の起源』の重要な使命は、超自然的存在を想定せず科学的原則で生物界の説明が可能であることを示すことだった。その説明のために、生物学的現象のバラつきを重視し、そのありようの変化になぜ？　と問いかけ、長大な時間軸で進化的視点を持つ必要性を説いた。ダーウィンの論理的思索は宗教的教義への挑戦という位置付けに止まらず、現代生物学でも大きな意義を持つ（Mayr1982, 2000）。一方で、ダーウィンのメッセージを誤解あるいは曲解した人たちは、反ダーウィン、偽ダーウィン支持者となり、自らの思想の主張に利用してきた。『種の起源』が人間理解、そして人間と科学の関わりについて問題提起を続ける古典であることは明らかである。

ダーウィンは最終の第六版で、「自然選択にむけられた様々な異論」を第七章として挿入している。初版以降に受けた多くの批判に対応するべく、以下のように述べている。

> 多数の大きな事実群が、種はきわめて小さい一歩一歩を踏んで進化したものであるという原理によってのみ、理解されるのである。*1（そうでない説明）すべてを承認するということは、奇蹟の世界に踏み入れ、〈科学〉の世界をすてることであるように、私には思われる。*2

人間を含めた生物の存在は、神という象徴による説明の方が容易に納得できる。それでもダーウィンは果敢に科学的説明の有効性を説得し、かつ当時の科学のレベルを踏まえ、わからないことは正直に表明し、生物科学の発展を期待した。

知識よりも無知の方がより多くの自信を生み出すものだ。あれやこれやの問題が、科学によって解けることは決してないだろうと強く主張するのは、より多くを知っている人たちではなく、より少なくしか知らない人たちである。[*3]

遠い未来……人間の起源と歴史にたいして光明が投じられるであろう。[*4]

ダーウィンの言葉からは、科学に対しての期待と楽観性がうかがえる。当時の社会で科学は闇を照らす光であった。人類の起源と進化についての知見が格段に増えたことは間違いない。ただし、証拠が少なかった頃とは違い、簡単で大胆な物語はもはや語れなくなった。わからないことをわからないとするダーウィンの姿勢は現代の科学でこそ重要である。

科学技術は著しく私たちの生活を変え、より便利に快適にした。おそらくダーウィンは、扱いを誤ると科学が人間の存在そのものを脅かす可能性については、あまり深刻には考えなかったのであろう。同時代のアメリカ人ジョージ・P・マーシュは、人間の行動が、それが意識的であろうとなかろうと、環境に悪影響を与えており、長期的に人類にとって不利益であると警告していた（Marsh, 1864）。

環境破壊の悪化を防ぐべく人間が主体的な行動を起こす必要性を説いたのだが、彼の先見は真剣に議論されることはなかった。当時の欧米諸国は、信仰に抗する進化生物学の啓発は耳障りではあったものの、科学技術がもたらす知的革新や生活向上の期待という楽観主義で満ちていた（Lowenthal, 1953）。レイチェル・カールソンの『沈黙の春』（1962）の約一〇〇年前のことである。ダーウィンの未来を生きる私たちの人間理解、そして人間と科学との関わり方は、彼の予想したものになっているだろうか。

「変異となぜ？」

生命科学において目覚ましい発展を遂げている遺伝学、あるいは脳神経科学こそが生物学の「究極」を知る研究分野と考える人も少なからずいるであろう。しかし、たとえ形態や行動を生み出す遺伝子やそれを制御する脳機能が判明したとしても、生物を説明し尽くしたとは言えない。「進化的視点がなければ生物学全ては意味をなさない。」これは、遺伝学者で進化生物学者のテオドシウス・ドブジャンスキー（Dobzhansky, 1973）の言葉である。動物行動学者のニコ・ティンバーゲン（Tinbergen, 1963）も、行動を包括的に理解するため、遺伝や生理学的なメカニズムおよび発達過程の外部からの刺激の影響等を説明する「どのように？」に加え、「なぜ？」を問うダーウィンの進化的視点を重視した。*5 特定の遺伝子や神経系がいったいなぜ地球上にそれぞれの頻度でどうして存在しているのか、それはいつからなのかは説明する必要がある。

人間理解の進化的視点については、機械論的・決定論的であるという根強い誤解が払拭されなければならない。前章で述べたように、人間の存在は自然界から大きく外れてしまったようにみえる。それでもダーウィンがこだわった「変異となぜ？」の探索は必須である。この進化的アプローチが重要であると考える研究者の共通理解は、次のようにまとめることができる。何が自然かとか、何がいい・悪いとかを知るためではなく、人間を含む生物の体と心とそのバラつきとそのパターンがどうなっていて、それがなぜかを知る術であるからである。

次に、ダーウィン的「変異となぜ?」を取り入れ、現代の人間社会にとって重要な課題を扱う学問領域をいくつか紹介する。

文化の変異となぜ?

文化研究の歴史については第3章で扱った。ここでは、ダーウィンの伝統を踏まえた〈文化の変容(文化的進化)〉の研究の近年の動向を紹介する。その基本方針は、文化の要素の集団内での頻度が時間の経過とともに変化すると考え、その変化の原因=選択圧を探るというものである。このような研究動向は二〇〇〇年以降に盛んになり、イギリスで「文化行動の進化的分析」する複数の学術センター[*6]が、また二〇一七年にはアメリカのシアトルを拠点とする文化進化学会が設立された[*7]。

文化変容に関する研究例としては、言語に関する比較のほかに例えば歴史書の写本の「系統樹」の再構築なども行われている。また、生業形態や経済制度の変容パターンについて、モデルを使ったシミュレーション、実験による分析、そして野外での調査など様々な方法論によって進んでいる(e.g. Richerson and Boyd, 2005; Laland, 2017)。社会科学系人類学者に時代遅れとまでいわれるダーウィニズムだが、生物の営みである文化の研究においても、いまだ中心的位置にあることは間違いない。

もちろん、生物と全く同様の進化とそのメカニズムを直接当てはめることはできない。文化進化研究者のアレックス・ミスーディは、集団内の変異と選択をダーウィニズムの核として捉えれば、文化進化のダーウィニズム的アプローチは可能であると考える。ただし、厳格な粒子状の遺伝、獲得形質の遺伝の否定、ランダムな変異の出現などの前提による制限は外す必要がある。文化は融合される場合があるし、新しい文化要素の創出は全てがランダムではなく意図的で方向性のあるものもあるだろう。また、文化の変化として知識が偏って次世代へ伝えられる側面を考慮する必要があるが、これはラマルク的獲得形質の遺伝ではない（Mesoudi, 2011）。

さらに、文化要素には、植物や微生物で知られている遺伝子の水平伝播（HGT）[*8]に似た現象も模倣や教示などによって頻繁に起こっている。スペルベル（一九九六）は、文化伝播の分析には疫学的モデルの適用が有効と考える。同世代の個体間だけではなく子世代から親世代への伝播もあり、流行の音楽が一例である。そして、どの文化要素がより広く、そして早く広まるかは、受け手とその集団のおかれた状態に大きく依存する。文化伝播の歴史を再構築した図では、ダーウィンの樹とは異なり、複雑に絡み合った枝が描かれるので、より洗練されたモデル設定が必要となることは確かである（e.g. Claidière et al. 2014）。

「**らしさ」の変異となぜ？

ダーウィンの自然選択は個体間の競争を強調していると一般的に捉えられ、社会ダーウィニズムなどで誤った応用もされてきた。逆説的に、彼の考え方が、他個体との協力や利他性の研究を促進してきた。近年では、実験的社会心理学の分野でダーウィニズムを基盤とする研究が多くみられる。ただし、進化的時間に加え、歴史的文化的時間も考慮し、二種類の適応−遺伝的基盤にもとづく適応と、文化的適応や文化−遺伝子の共進化を考慮した発展型ダーウィニズムである。どういう自然および社会環境の変数のもとで、集団メンバーの多数が採用する行動規範や標準的心理が生じるのかが分析されている（e.g. Chudeck and Henrich, 2011; Laland, 2017; 亀田、二〇一七; 亀田・村田、二〇一〇; 山岸、二〇〇〇）。

社会心理学での興味深いテーマには、国民・民族・性などの「＊＊らしさ」や帰属意識に関わる問題がある。便宜的に「想像で創造された」共同体であるにも関わらず、人間は帰属意識によって安心感を得るし、また、それを根拠に他人を排斥する傾向があり、これは生物学的基盤によるものである。なお、移民、少数民族、性自認や性嗜好の少数派など、どの集団に属しているのか社会的に曖昧と判断される場合、自殺率が高いことが報告されている。これは、外的な差別などに加え自らの不安が強いストレスになって精神障害のリスクが高まるからと考えられる（Forte et al., 2018; Figueiredo and Abreu, 2015）。

山岸俊男（二〇一五）によると、例えば日本人らしさというような「＊＊らしさ」は、人間という動物に普遍的な基盤が、集団の歴史や環境に応じて変化し採用された行動戦略の主なものの表現にすぎない。したがって、影響を与える変数を変えることによって「＊＊らしさ」は消滅するし、実験的に検証も可能である。

従来、社会科学領域で民族や国民性の比較研究に頻繁に使われてきたラベルが、個人主義と集団主義である。しかし、この二者択一的発想も問題が多い。行動傾向には集団内のバラつきがあり、同じ集団でも社会状況によって大勢の振る舞いは異なる（Yamagishi, 2017）。例えば、今日の移民排斥運動などは集団主義のふりをした個人主義であり、閉じた地縁社会内での安心に執着し開かれた信頼社会になりきれない人間が大勢いることを反映している（山岸、二〇一五）。グローバル化がいくら進んでも、おそらく私たちの脳にとって心地良い集団サイズには限界があり、それを乗り越える動機が必要となる。

性に関わる様々な社会問題も深刻な状態が続いている。雌雄の性は生物学的には生殖器が作る配偶子の違いで定義される。しかし、男女の「＊＊らしさ」として認識される多くの要素には当然ながらそれぞれ個体差があり、発達メカニズムもその過程も異なる。したがって、差について統計的な有意性を調べ、異なる文化や環境でパターンを比較し、特徴ごとに「変異となぜ？」を分析する必要がある。安易に性差を無視または強調してはならないし、第三のカテゴリーを設定するだけでは諸問題の解決にならない。[*9*10]人間という生き物の理解が深まるほど、バラつきが無視できなくなるのは明らかである。多数派に都合の良かった従来の社会制度設計や運営は破綻してきており、新たな知恵が必要となっている。

経済行動にも進化的アプローチが取り入れられ、進化経済学や行動経済学は、経済学、心理学そして生物の進化理論の統合から発展したものである。経済学ですでに常識となっている限定合理性や予想可能な不合理（e.g. Ariely, 2008; Thaler, 2015）[*11]は、人間心理の生物学的・文化的適応の理解なくしては語れない。

現代社会では、個人間の所得格差はかつてないほどにまで広がってしまった。経済活動に極めて重要な信頼や公平性は、果たして民族や文化によって異なるのだろうか。この問いについて実験的な手法も取り入れた人類学者と経済学者の協働による興味深い研究が行われている（Henrich et al., 2004）。研究成果が実社会にどう還元されるのかが注目される。

二一世紀の現在も、次のダーウィンが『ビーグル号航海記』（一八三九）に記した言葉は重い。

もしも（イギリスの）貧民の悲惨さが自然の法則ではなく、（わが国）の制度によって生じるものなら、われわれの罪はとても深いといわざるを得ない。*12

病気の変異となぜ？

従来、医学は症状が現れた病気について、もっぱら至近因（遺伝子、内分泌、免疫、神経系や組織の欠陥や、発達過程や環境要因など）に注目していたが、ダーウィン的視点は医学領域でも取り入れている。一九九〇年代以降、進化的究極因、なぜ？を理解する必要性が啓発されるようになった（Williams and Nesse, 1991; Nesse and Williamsm 1994）。欧米では複数の医学教科書（Sterns, 2015; Gluckman et al., 2016）が出版され、日本でも認知されてきている（井村、二〇一二；太田・長谷川、二〇一三）。変異とメカニズムの分析と同時に、その進化的背景を知ることは、病気の症状や原因のより深い理解へと繋がり、対処療法を超える予防医学の領域で役立つ可能性は高い。また、遺伝情報データの蓄積の成果によって鬱などに関する遺伝的変異とその進化の興味深い研究も行われている（e.g. Sato and Kawata, 2018）。

近年の医療現場での重大な課題の一つが、ウィルスや細菌などの微生物との戦いである。抗生物質を含む治療薬の開発は細菌やウィルスとの軍拡闘争に短期的には勝利をもたらす。しかし、進化的視点からみるとこれは厄介な罠の始まりでもある。微生物は常に変化し、新しいタイプが生まれている。過去数十年の抗生物質の安易な使用は、薬に比較的弱い微生物を退治し、耐性のあるものを生き残らせた。そのおかげで、アメリカ国立衛生研究所によると、アメリカだけでも毎年二〇〇万人が抗生物質の効かない細菌に感染し、二万人以上が死亡している。*13

一九九〇年代以降の心身の痛みに極めて有効な麻薬性鎮痛剤（オピオイド）の乱用による死者の増加も現代社会の疫病と考えられる。花粉症と同様でわかっていたはずなのに、である。独創的メカニズムの技術開発ができれば、例えば超細菌の一部の退治や、依存を伴わない新たな痛みの対処法の開発は可能かもしれない（Portsmouth et.al., 2018; Gibson, 2019）。短期的視点が微生物との軍拡闘争を過小評価したことでもたらされた地球規模での人間の危機は深刻である。

環境問題と人間行動の変異となぜ？

生物科学領域の中で、政治的あるいは経済的な思惑と繋がりやすい環境科学や生態学でのダーウィニズムの扱いはどちらかというと消極的あるいは否定的だった。進化生物学が決定論を偏重しているという印象から、特に人間と環境の関係性を探る生態学領域では受け入れ難かったと考えられる（Smith ed., 1992）。さらに、ダーウィニズム的生存競争が社会的不公平や差別を助長するというナイーブな誤解も少なからず影響している。

これに対し進化的視点を重視する生態学者たちは、人間を含む生物全般、そして社会科学的見識を統合するダーウィン生態学の必要性を主張する（e.g. Penn, 2003）。なぜなら、地球規模の環境問題への取り組みは、従来のような倫理や道徳の教育だけでは不十分なのである。もちろん、環境についての教育が重要であることは間違いない。ただし、生物の脳は、長大な未来への時間や地球規模の自然の利益のことを考えるようにできてはいない。環境を守るための行動を促すためにはどうすればよいのか。

社会心理学との協働によって集団の規範形成、つまり何が個体の行動変化の引き金になり得るのかをさらに探求する必要があるだろう。なお、近年ではカントやヒュームに代表される哲学的論争についても科学的検証が加わり新しい展開をみせている。脳神経科学の手法を用いた研究では、人間の「道徳的」意思決定は、理性か感情かの単純な二者択一ではないことが改めて示された（Miller, 2008; Hsu, 2008）。

環境問題は本書の第2章で触れた自然主義的誤謬の議論と関係する。環境保全や自然保護において人間の理性を過大評価する理想論が有効ではないことは実証されている。多数の人々は、将来を見据えて自然保護・環境保全が望ましいことを理解している。しかし、例えば大量のプラスチックごみ問題の解決は他人あるいは他国任せで無責任になりがちで、目の前から問題がなくなればそれでいいと思ってしまう。

ダーウィン生態学が提唱する人間のありようとその理由の謙虚な受け止めは、あくまでも次世代に最低限残すべき自然のために私たちに可能な行動とインセンティブを建設的に議論するためである。

人間の宿題——理解から責任へ

ダーウィンが『種の起源』に記した詳細の大半は、二一世紀の人間にとって必ずしも重要な意義があるとは言えない。しかも、生物はバラつきとその複雑なメカニズムはいまだ全容が明らかにはなっておらず、言語によって理解することは容易ではない。だが、繰り返し述べてきたように、ダーウィンの知から学ぶべきことは明快である。進化は「進歩」することではない。長大な時間をかけて進化した生物が示す変異を隔絶した塊として認識し、さらに序列をつけるのは、人間の勝手であり科学的に無意味である。ダーウィンが種を蒔き、科学が育んできたメッセージを一般常識にするという一六〇年越しの宿題はそろそろ終わらせたいものである。

社会に氾濫する生物学的に誤った進化のイメージがもたらす弊害は大きいと思う。もちろん、言葉の意味は社会的受容で変わるものであるし、辞書の記載も時代を反映する。本書序章で遺伝学会による変異を表す英単語の訳語の改定について紹介したように、生物学用語の定義は学者の間でも議論がある。だが、特に進化については、良くなること・進歩と解釈して何ら問題ないという風潮は残念である。なぜなら、その誤解は人間の自然界での位置や人と人との関係性の認識、それらを根拠とする差別的思想や奢りの行動の正当化にまで影響している可能性があるからである。初等教育の役割は大きいのだろうが、まずは、広告業界やメディアで「進化」という言葉を安易に使うのをやめてはどうだろう。時代を先取りする言葉遣いの浸透を期待したい。

本書では、ダーウィンの強調した生物のバラつきの理解とは、単に「違い」を認識することが最終目的でないことを述べてきた。「みんな違ってみんないい」は金子みすゞの詩[*14]の中の有名なフレーズで、日本では複数の小学校で教室や廊下に大きく張り出されていると聞いたことがある。個人間や集団間の多様性を認め合おうという趣旨は大変意義深い。ただし、環境、文化や教育という魔法の言葉で安易に片付けて満足するなら、残念な思考停止である。そもそも違いの実態は何で、違ってみえてしまう私たちの心のなぜ?を問わなければ、脳で認識される違いの強調でしかない。序章で紹介した次のダーウィンの言葉は、現在も真実であり謙虚に受け止めたい。バラつきについての認識不足は、一科学分野の発達や単なるリテラシーの程度問題という無邪気なものではなく、能動的に対処すべき課題だと思う。

変異の法則についてのわれわれの無知はふかいものである。*15

二〇〇九年七月初旬、英ケンブリッジ大学で『種の起源』出版一五〇周年を記念するダーウィン祭が開かれた。数多くの著名な科学者たちがダーウィンの功績を讃え、最新の研究成果を発表し大変興味深い大会となった。私がとりわけ感銘を受けたのは、二〇〇二年ノーベル生理学・医学賞を受賞したジョン・サルストンの「理解から責任へ」と題した講演(二〇〇九年七月九日)である。

ダーウィンはドグマから私たちを解放し、生物学を理解できるものとし学問の前進を可能にした。ただし、自然選択は私たちの存在の説明を提示してくれるが、どう振舞うべきかは教えてくれない。私たちは、影響力のある思考する動物として責任を持って将来に対処しなければならない。*16

現代社会で人間にとって最も脅威である敵は人間である、とサルストンは言う。人間を理解する努力が、その脅威を減らすことになる。ただし、過去を知り現在のありようを理解・説明するだけでは、未来に対し責任を果たすことにはならない。昨今の人間社会の傾向から、彼は危機感を持って警告しているのである。

人間があらゆる問題を理性的に解決できるはずというのは、進化的視点からすると幻想だろう。例えば、自分さえ良ければいいという排他的感情はある意味生物のデフォルトと考えられる。ただし、ダーウィンが説いたように、社会的な動物として進化した人間にとって、協力は重要な適応戦略である。さらに、理想やあるべき姿を象徴的に思い描き、継続して努力することが可能な能力を獲得したことも事実である。したがって、「動物である人間は利己的であり姿や意見が違うと判断した人や集団を差別するのは仕方がない。排除するのも仕方がない」というのは自然主義的誤謬ですらない。

二一世紀の人間はダーウィンにはおそらく想像できなかったであろう未踏の領域を、過去の遺産とともに突き進んでいる。自らの最大の脅威となった人間について生物学的基盤の限界だけではなく柔軟性をも理解することで、すでに山積みでさらに予見される諸問題の検討、そして新たなメッセージの発信が望まれる。

＊1 チャールズ・ダーウィン、『種の起原（下）』付録、三二四ページ

＊2 『種の起原（下）』付録、三二七ページ

＊3 チャールズ・ダーウィン、『人間の起源と性淘汰Ⅰ』、一五ページ

＊4 『種の起原（下）』第十四章、二六〇ページ

＊5 ティンバーゲンの四つのなぜ（1963）：行動を包括的に理解するため解明を目指すべきレベルと方法（1）遺伝、脳神経系、生理学、解剖学などのメカニズム（2）発達、環境による影響（3）適応的意義（4）歴史や系統的要因

＊6 University of SouthernhamptonとUniversity of College LondonのAHRCウェブサイト参照。

＊7 Cultural Evolution Society, この学会の文化の定義は〈獲得される変異のシステム〉で、時間を超えて方向性がある、または、方向性のない様々なプロセスへの反応として変化する。学会ホームページ参照。

＊8 遺伝子の水平伝播（Horizontal Gene Transfer）：遺伝子が親世代から次世代へ伝播するのではなく、個体間、または他の生物間で伝播すること。ウイルス、植物、昆虫などの一部で知られている。

＊9 ドイツは二〇一九年一月一日から、男性または女性へ区別ができない場合に〝diverse〟（多様）というカテゴリーを法的に認めるようになった。BBC Newsの報道参照。

＊10 南アフリカ出身の陸上選手キャスター・セメンヤは女性と自認しているが、性分化疾患によりテストステロン値が高いので、女子アスリートとして認められるかどうか議論となっている。REUTERS（二〇一九年六月一二日）ニュース参照。

＊11 リチャード・セイラーはこの分野の貢献で二〇一七年ノーベル経済学賞を受賞。

＊12 チャールズ・ダーウィン、『（新訳）ビーグル号航海記（下）』、四五八ページ。括弧内は筆者による。

＊13 National Institutes of Health ウェブサイト参照。

＊14 「わたしと小鳥とすずと」、金子みすゞ童謡集

＊15 『種の起原（上）』第五章、二一九ページ

＊16 サルストン講演要旨、Darwin Festival Cambridge 5-10 July, 2009, p.14、筆者訳

参考文献

序章

Darwin, C.〔1859〕*On the Origin of Species by Means of Natural Selection, or the Preservation of Favoured Races in the Struggle for Life*, チャールズ・ダーウィン、『種の起源（上・下）』、八杉龍一・訳、〔一九九〇〕、岩波書店（岩波文庫）

日本遺伝学会〔二〇一七〕『遺伝単——遺伝学用語・対訳付き、生物の科学　遺伝、別冊No. 22』、エヌ・ティー・エス

浅原正和〔二〇一七〕「「Variation」の訳語として「変異」が使えなくなるかもしれない問題について：日本遺伝学会の新用語集における問題点」、『哺乳類科学』、Vol. 57（2）、三八七—三九〇ページ

Van Valen, L.〔1977〕“Red Queen”, *The American Naturalist*, Vol. 11 (980): 809-810

第1章

Abbott, R. and Rieseberg, L. H.〔2012〕“Hybrid Speciation”, Wiley Online Library, doi.org/10.1002/9780470015902.a0001753.pub2（二〇一九年六月二五日　最終確認）

Arnold, M. L., Ballerini, E. E. and Brothers, A. N.〔2011〕“Hybrid Fitness, Adaptation and Evolutionary Diversification: Lessons Learned from Louisiana Irises”, *Heredity*, Vol. 108 (3): 159-166

Barluenga, M., Stölting, K. N., Salzburger, W., Muschick, M., Meyer, A.〔2006〕“Sympatric speciation in Nicaraguan crater lake cichlid fish”, *Nature*, Vol. 439: 719-723

Beatty, J.〔1985〕“Speaking of species: Darwin's strategy”, (In) D. Kohn (ed.), *The Darwininan heritage*, pp. 265-281, Princeton University Press

Darwin, C.〔1859〕*On the Origin of Species by Means of Natural Selection, or the Preservation of Favoured Races in the Struggle for Life*, チャールズ・ダーウィン、『種の起源（上・下）』、八杉龍一・訳、〔一九九〇〕、岩波書店（岩波文庫）

Darwin, C.［1860］*Letter to Charles Lyell* (Feb. 25, 1860), Darwin Correspondence Project, https://www.darwinproject.ac.uk/letter/?docId=letters/DCP-LETT-2714.xml;query=letter%20to%20Lyell,%201860;brand=default（二〇一九年六月二五日　最終確認）

Darwin, C.［1860］*Letter to Charles Lyell* (September 28, 1860), Darwin Correspondence Project, https://www.darwinproject.ac.uk/letter/?docId=letters/DCP-LETT-2931.xml;query=To%20Lyell,%201860,%20Sept;brand=default（二〇一九年六月二五日　最終確認）

Darwin, C.［1871］*The Descent of Man and Selection in Relation to Sex*, チャールズ・ダーウィン、『人間の進化と性淘汰Ⅰ、Ⅱ』、長谷川眞理子・訳、［一九九九・二〇〇〇］、文一総合出版

De Queiroz, K.［2007］“Species Concepts and Species Delimitation”, *Systematic Biology*, Vol. 56: 879-886

Doolittle, F. W.［2017］“Making the Most of Clade Selection”, *Philosophy of Science*, Vol. 84 (2) : 275-295

Durkheim, É.［1893］*The Division of Labour in Society*, エミール・デュルケーム、『社会分業論』、田原音和・訳、［二〇一七］、筑摩書房（ちくま学芸文庫）

Edwards, D. L. and, Knowles, L. L.［2014］“Species detection and individual assignment in species delimitation: can integrative data increase efficacy?”, *Proceedings of the Royal Society B: Biological Sciences*, Vol. 281 (1777): 20132765.

Fraga, M. F., Ballestar, E., Paz, M. F., Ropero, S., Setien, F., Ballestar, M. L. et al.［2005］“Epigenetic differences arise during the lifetime of monozygotic twins”, *Proceedings of the National Academy of Sciences, USA*, Vol. 102 (30): 10604-10609.

Gross, C.［2010］“Alfred Russell Wallace and the evolution of the human mind”, *The neuroscientist*, Vol. 16 (5): 496-507

Hamilton, W. D.［1964］“The Genetical Evolution of Social Behaviour”, *Journal of Theoretical Biology*, Vol. 7 (1) : 1-16

Hayden, T.［2009］“What Darwin did not know”, *Smithonian Magazine* (Feb.), https://www.smithsonianmag.com/science-nature/what-darwin-didnt-know-45637001/（二〇一九年六月二五日　最終確認）

International Institute for Species Exploration［2019］“2018 Top New Species”, https://www.esf.edu/species/（二〇一九年六月二

五日　最終確認）

Kaplan, S.〔2016〕“Trump and Pence on science, in their own words”, *The Washington Post* (Nov. 10),〔2016〕, https://www.washingtonpost.com/news/speaking-of-science/wp/2016/11/10/trump-and-pence-on-science-in-their-own-words/?utm_term=.de-a8e8c1c55e（二〇一九年七月二五日　最終確認）

Kimura, M.〔1968〕“Evolutionary rate at the molecular level”, *Nature*, Vol. 217: 624-626

Kuhlwilm, M., Gronau, I., Hubisz, M. J., De Filippo, C. et al.〔2016〕“Ancient gene flow from early modern humans into Eastern Neanderthals”, *Nature*, Vol. 530: 429–433.

Lamichhaney S, B. J., Almen, M. S. , Maqbool, K. et al.〔2015〕“Evolution of Darwin's finches and their beaks revealed by genome sequencing”, *Nature* Vol. 518 (7539) : 371-375.

Lim, M. M., Wang, Z., Olazábal, D. E., Ren, X., Terwilliger, E. T. and Young, L. J.〔2004〕“Enhanced partner preference in a promiscuous species by manipulating the expression of a single gene”, *Nature* Vol. 429: 754-757

Lyell, C.〔1830-33〕*Principles of Geology*, チャールズ・ライエル、『地質学原理』河内洋佑・訳、〔2006〕、朝倉書店

Magnello, M. E.〔2001〕“Ancestral Inheritance Theory”, (In) S. Brenner and J. H. Miller (Eds.) *Encyclopedia of Genetics*, p.63-64, Elsevier

Mallet, J.〔2010〕“Why was Darwin's view of species rejected by twentieth century biologists? ”, *Biology & Philosophy*, Vol. 25: 497-527

Mallet, J.〔2013〕“Darwin and species”, (In) R. Michael (ed.) *The Cambridge Encyclopedia of Darwin and Evolutionary Thought*, pp. 109-115, Cambridge University Press

Mayden, R. L.〔1997〕“A hierarchy of species concepts: the denouement in the saga of the species problem”, (In) M. F. Claridge, H. A. Dawah and M. R. Wilson (Eds.), *Species: The units of diversity*, pp. 381-423, Chapman & Hall

Mayr, E.〔1942〕*Systematics and the origin of species from the viewpoint of a zoologist*, Columbia University Press

Mayr, E.〔1972〕“Lamarck revisited”, *Journal of the History of Biology*, Vol. 5 (1): 55-94

Mayr, E.〔2004〕*What makes biology unique? Consideration on the Autonomy of a Scientific Discipline*, Harvard University Press

Mendel, G.〔1866〕“Experiments on plant hybrids”, (In) C. Stern (ed.) The origin of genetics: A Mendel Source Book〔1966〕, pp.1-55, W. H. Freeman & Co.

Meyer, M., Arsuaga, J. L., de Filippo, C., Nagel, S., Aximu-Petri, A. et al.〔2016〕“Nuclear DNA sequences from the Middle Pleistocene Sima de los Huesos hominins”, *Nature*, Vol. 531 (7595): 504–507

Miller, J. D., Scott, E. C. and Okamoto, S.〔2006〕“Public Acceptance of Evolution”, *Science*, Vol. 313: 765-766

三中信宏〔一九九九〕「ダーウィンとナチュラル・ヒストリー」、『現代によみがえるダーウィン』、長谷川眞理子・三中信広・矢原徹一・著、一五三－二二二ページ、文一総合出版

Moore, P.〔2017〕“What your biology teacher did not tell you about Charles Darwin”, The Gospel Coalition〔201/4/19〕, https://www.thegospelcoalition.org/article/what-your-biology-teacher-didnt-tell-you-about-charles-darwin/（二〇一九年六月二五日　最終確認）

Mora, C., Tittensor, D. P., Adl, S., Simpson, A. G. B. and Worm, B.〔2011〕“How Many Species Are There on Earth and in the Ocean?”, *PLoS Biology* : e1001127

NASA (National Aeronautics and Space Administration), U.S.A.〔2018〕“NASA Twins Study Confirms Preliminary Findings” (updated April 4, 2019), Edwards, M. and Abadie, L., https://www.nasa.gov/feature/nasa-twins-study-confirms-preliminary-findings（二〇一九年六月二五日　最終確認）

Nater, A.〔2017〕“Morphometric, Behavioral, and Genomic Evidence for a New Orangutan Species”, *Current Biology*, Vol. 27 (22): 3487-3498

Orr, H. A.〔2009〕“Testing Natural Selection”, *Scientific American* (January): 44-50

Paul, D. B.〔1988〕“The Selection of the ‘Survival of the Fittest’”, *Journal of the History of Biology*, Vol. 21 (3): 411-424

Ross, E.〔2017〕"Revamped 'anti-science' education bills in United States find success", *Nature News*, doi:10.1038/nature.2017.21986（二〇一九年六月二五日　最終確認）

Schlebusch, C. M., Malmström, H., Günther, T., Sjödin, P., Coutinho, A., Edlund, H. et al.〔2017〕"Southern African ancient genomes estimate modern human divergence to 350,000 to 260,000 years ago", *Science*, Vol. 358 (6363): 652-655

森林総合研究所、和歌山県林業試験場〔二〇一八〕「紀伊半島から新種、クマノザクラを発見――観賞用の桜として期待」、（プレス・リリース、二〇一八年三月一三日）、https://www.ffpri.affrc.go.jp/press/2018/20180313/documents/20180313press.pdf（二〇一九年六月二五日　最終確認）

Spencer, H.〔1862〕*First principles of a new system of philosophy*, D. Appleton

Spencer, H.〔1864〕*The principles of biology*, Williams and Norgate

Szyf, M.〔2014〕"Nongenetic inheritance and transgenerational epigenetics", *Trends in Molecular Medicine*, Vol. 21: 134-144

Trivers, R.〔1985〕*Social Evolution*, Benjamin Cummings

Veenendaal, M. V., Painter, R. C., de Rooij, S. R., Bossuyt, P. M., van der Post, J. A., Gluckman, P. D. et al.〔2013〕"Transgenerational effects of prenatal exposure to the 1944–45 Dutch famine", *BJOG: An International Journal of Obstetrics & Gynaecology*, Vol. 120 (5): 548-554

The World Wide Fund for Nature (WWF)〔2019〕"How many species are we losing?", http://wwf.panda.org/our_work/biodiversity/biodiversity/（二〇一九年六月二五日　最終確認）

Williams, G.（Ed.）〔1971〕*Group Selection*, "Aldine Transaction", Williams, G.〔1992〕*Natural selection: domains, levels, and challenges*, Oxford University Press

Williams, G.〔1992〕*Natural Selection: domains, levels and challenges*, Oxford University Press

Wei, Y., Schatten, H. and Sun, Q. Y.〔2015〕"Environmental epigenetic inheritance through gametes and implications for human reproduction", *Human Reproduction Update*, Vol. 21 (2): 194–208

矢原徹一［一九九九］「現代に生きるダーウィン」、『現代によみがえるダーウィン』長谷川眞理子・三中信広・矢原徹一・著、九五－一五二ページ、文一総合出版

第2章

Aggasiz, L.［n.d.］BrainyQuote.com, https://www.brainyquote.com/quotes/louis_agassiz_405311（二〇一九年六月二五日　最終確認）

Allhoff, F.［2003］“Evolutionary Ethics from Darwin to Moore”, *History and Philosophy of the Life Sciences*, Vol. 25 (1): 51-79

Bashford, A. and Levine, P.,（Eds.）［2010］*The Oxford Handbook of the History of Eugenics*, Oxford Handbooks Online, Oxford University Press, https://www.oxfordhandbooks.com/view/10.1093/oxfordhb/9780195373141.001.0001/oxford-hb-9780195373141（二〇一九年六月二五日　最終確認）

Bowles, G. and Gintis, H.［2011］*Schooling in capitalist America: Educational reform and the contradictions of economic life*, Haymarket Books.

Bush, H. K. J.［2007］*Mark Twain and the Spiritual Crisis of His Age*, The University of Alabama Press

Colp, R.［1974］“The Contacts Between Karl Marx and Charles Darwin”, *Journal of the History of Ideas*, Vol. 35 (2): 329-338

Curry, O.［2006］“Who's Afraid of the Naturalistic Fallacy?”, *Evolutionary Psychology*, Vol. 4: 234-247

Darwin, E.［1792］*The temple of nature, or origin of society*, https://www.biodiversitylibrary.org/item/107932#page/1/mode/1up（二〇一九年六月二五日　最終確認）

Darwin, C.［1845］*Voyage of the Beagle*, チャールズ・ダーウィン、『（新訳）ビーグル号世界航海記（上・下）』、荒俣宏・訳、［二〇一三］、平凡社

Darwin, C.［1857］*Letter to Alfred R. Wallace* (December 22, 1857), Darwin Correspondence Project, https://www.darwinproject.ac.uk/letter/?docId=letters/DCP-LETT-2192.xml;query=Wallace,%201857;brand=default（二〇一九年六月二五日　最終確認）

Darwin, C.［1859］*On the Origin of Species by Means of Natural Selection, or the Preservation of Favoured Races in the Struggle for Life*, チャールズ・ダーウィン、『種の起源（上・下）』、八杉龍一・訳、［一九九〇］、岩波書店（岩波文庫）

Darwin, C.［1869］Letter to A. R. Wallace (April, 14, 1869), Darwin Correspondence Project, https://www.darwinproject.ac.uk/letter/DCP-LETT-6706.xml（二〇一九年六月二五日　最終確認）

Darwin, C.［1871］*The Descent of Man and Selection in Relation to Sex*, チャールズ・ダーウィン、『人間の進化と性淘汰Ⅰ、Ⅱ』、長谷川眞理子・訳、［一九九九・二〇〇〇］、文一総合出版

Darwin, C.［1873］*Letter to Karl Marx* (October, 1, 1880), Darwin Correspondence Project, https://www.darwinproject.ac.uk/letter/?docId=letters/DCP-LETT-9080.xml;query=Marx;brand=default（二〇一九年六月二五日　最終確認）

Darwin, C.［1880］*Letter to E. S. Morse* (April 9, 1880), Darwin Correspondence Project, https://www.darwinproject.ac.uk/search/?keyword=Morse%2C+1880&tab（二〇一九年六月二五日　最終確認）

Darwin, C.［1880］*Letter to E. B. Aveling*, 13 October 1880, Darwin Correspondence Project, https://www.darwinproject.ac.uk/letter/?docId=letters/DCP-LETT-12757.xml;query=Aveling,%201880;brand=default（二〇一九年六月二五日　最終確認）

Davis, B.［2011］"A question of breeding?", UCL News, https://blogs.ucl.ac.uk/events/2011/11/18/a-question-of-breeding/#more-6766（二〇一九年六月二五日　最終確認）

Desmond, A. and Moore, J.［2009］*Darwin's Sacred Cause-Race, Slavery and the quest for human origins*, エイドリアン・デズモンド、ジェイムズ・ムーア、『ダーウィンが信じた道——進化論に隠されたメッセージ』、矢野真千子、野下祥子・訳、［二〇〇九］、日本放送協会出版会

Di Gregorio, M. A.［2002］"Reflections of a Nonpolitical Naturalist: Ernst Haeckel, Wilhelm Bleek, Friedrich Müller and the Meaning of Language", *Journal of the History of Biology*, Vol. 35: 79-109

Einstein, A.［1938］*Letter to Franz Boaz* (April, 1938), Treasures of American Philosophical Society, https://www.amphilsoc.org/exhibits/treasures/einstein.htm（二〇一九年六月二五日　最終確認）

Einstein, A.〔2018〕*The Travel Diaries of Albert Einstein: The Far East, Palestine, and Spain*, Z. Rosenkrantz (ed.), Princeton University Press

Fay, M. A.〔1978〕“Did Marx Offer to Dedicate Capital to Darwin?: A Reassessment of the Evidence”, Vol. 39 (1): 133-146

Flannery, M. A.〔2011〕*Alfred Russel Wallace: A Rediscovered Life*, Discovery Inst.

Galton, F.〔1869〕*Hereditary Genius*, Macmillan & Co., http://galton.org/books/hereditary-genius/text/pdf/galton-1869-genius-v3.pdf（二〇一九年六月二五日　最終確認）

Galton, F.〔1873〕“The Africa for Chinese”, letter to the Editor, *The Times* (June 5, 1873), http://galton.org/letters/africa-for-chinese/AfricaForTheChinese.htm（二〇一九年六月二五日　最終確認）

Gillham, N. W.〔2001〕*A Life of Sir Francis Galton: From African Exploration to the Birth of Eugenics*, Oxford University Press

Gilman, S. L.〔1993〕*Freud, race, and gender*, Princeton University Press

Gross, C.〔2010〕“Alfred Russell Wallace and the evolution of the human mind”, *The neuroscientist*, Vol. 16 (5): 496-507

Hill, L.〔2001〕“The hidden theology of Adam Smith”, *European Journal of the History of Economic Thought*, Vol. 8 (1): 1-29

Hitler, A.〔1925〕*Mein Kampf*, アドルフ・ヒトラー、『わが闘争』、平野一郎、将積茂・訳、〔二〇一六〕、電子書籍、角川書店

Hofstadter, R.〔1944〕*Social Darwinism in American Thought*, University of Pennsylvania Press

Holt, N. R.〔1971〕“Ernst Haeckel's Monistic Religion”,*Journal of the History of Ideas*, Vol. 32 (2): 265-280

Hudson, W. H.〔1904〕“Herbert Spencer: A Character Study”, *The North American Review*, Vol. 178 (566): 1-9

Huxley, T. H.〔1894〕*Evolution and Ethics*, トマス・ハックスリ、『進化と倫理』、上野景福・訳、〔一九四八〕、育生社

James, S. M.〔2010〕*An Introduction to Evolutionary Ethics*, Wiley-Blackwell

Kottler, M. J.〔1974〕“Alfred Russel Wallace, the Origin of Man, and Spiritualism”, History of Science Society, Vol. 65 (2): 144-192

Leonard, T. C.〔2009〕“Origins of the myth of social Darwinism: The ambiguous legacy of Richard Hofstadter's Social Darwinism in American Thought”, *Journal of Economic Behavior & Organization*, Vol. 71: 37-51

Leslie, J. C.〔2006〕“Herbert Spencer's Contributions to Behavior Analysis: A Retrospective Review of Principles of Psychology”, *Journal of the Experimental Analysis of Behavior*, Vol. 86 (1): 123-129

Lincoln, A.〔1857〕*Speech on the Dred Scott Decision* (June 26, 1857), Documents by Abraham Lincoln, https://teachingamericanhistory.org/library/document/speech-on-the-dred-scott-decision/（二〇一九年六月二五日　最終確認）

Lincoln, A.〔1854〕*Letter to Jesse Lincoln* (April 1, 1854), Collected Works of Abraham Lincoln, https://quod.lib.umich.edu/l/lincoln/lincoln2/1:255?rgn=div1;view=fulltext（二〇一九年六月二五日　最終確認）

Lincoln, A.〔1863〕*Gettysburg Address*,『ゲティスバーグ演説』、アメリカンセンターJapan、https://americancenterjapan.com/aboutusa/translations/2390/（二〇一九年六月二五日　最終確認）

Lyell〔1863〕*The Geological Evidences of the Antiquity of Man, with Remarks on Theories of the Origin of Species by Variation*, Murray

Marx, K.〔1867〕*Das Kapital*, カール・マルクス、『資本論 14』、岡崎次郎・訳、〔一九七二〕、大月書店（国民文庫）

Mason, W. S.〔2009〕“The Indian Policy of Abraham Lincoln”, *Indigenous Policy Journal*, Vol. 20 (3): 1-7.

McMahon, K. A.〔2003〕“Monogenism and Polygenism”, New Catholic Encyclopedia, https://www.encyclopedia.com/religion/encyclopedias-almanacs-transcripts-and-maps/monogenism-and-polygenism（二〇一九年六月二五日　最終確認）

Montesquieu〔1748〕“De l'esclavage des Nègres”, (In) De l'esprit des lois, Book XV, Ch. 5, Open book classics, (https://www.openbookpublishers.com/htmlreader/978-1-78374-203-5/ch1-6.xhtml)（二〇一九年六月二五日　最終確認）

Moore, G. E.〔1903〕*Principia Ethica*, Cambridge University Press.

Morse, E. S.〔1880〕“The Omori Shell Mounds”, *Nature*, Vol. 21: 561-562

Morse, E. S.〔1880〕Letter to Charles Darwin (March 23, 1880), Darwin Correspondence, https://www.darwinproject.ac.uk/search

/?keyword=Morse%2C+1880&tab（二〇一九年六月二五日　最終確認）
Noll, M. A.［1992］*A History of Christianity in the United States and Canada*, Eerdmans Publishing Company.
Oldfield, J.［2011］“British Anti-Slavery”, BBC-History-History in depth, https://www.bbc.co.uk/history/british/empire_seapower/antislavery_01.shtml（二〇一九年六月二五日　最終確認）
Oslington, P.［2012］“God and the Market: Adam Smith's Invisible Hand”, *Journal of Business Ethics*, Vol. 108 (4): 429-438
Paul, D. B.［1988］“The Selection of the "Survival of the Fittest", Journal of the History of Biology, Vol. 21 (3): 411-424
Paxton, N. L.［1991］*George Eliot and Herbert Spencer-Feminism, Evolutionism, and the Reconstruction of Gender*, Princeton University Press
Rainger, R.［1978］“Race, politics, and science: the Anthropological Society of London in the 1860s”, *Victorian Studies*, Vol. 22 (1): 51-70.
Richards, R. J.［2017］“Evolutionary Ethics: A Theory of Moral Realism”, (In) M. Ruse (ed.), *The Cambridge Handbook of Evolutionary Ethics*, pp. 143-157, Cambridge University Press
Rivo, L.［1990］*Darwin's Influence on Freud: A Tale of Two Sciences*, Yale University Press
Rosenberg, N.［1965］“Adam Smith on the Division of Labour: Two Views or One? ”, E*conomica, New Series*, Vol. 32（126): 127-139
Salter, J.［1996］“Adam Smith on Slavery”, *History of Economic Ideas*, Vol. 4 (1/2): 225-251
Shermer, M.［2002］*In Darwin's Shadow: The Life and Science of Alfred Russel Wallace*, Oxford University Press
Sidgwick, H.［1880］“Mr. Spencer's Ethical System”, *Mind*, Vol. 5 (18): 216-226
Smith, A.［1759］*The theory of Moral Sentiments*, アダム・スミス『道徳感情論』高哲男・訳、［二〇一三］、講談社（講談社学術文庫）
Smith, A.［1776］*The Wealth of Nation*,『国富論 1－3』、大河内一男・訳、［一九七八］、中央公論社（中公文庫）

Smith, C.〔2011〕“Wallace, Alfred Russel”, Oxford Dictionary of National Biography, (http://doi.org/101093/ref:odnb/36700)（二〇一九年六月二五日 最終確認）

Spencer, H.〔1851〕*Social Statics*, John Chapman

Spencer, H.〔1855〕*Principles of Psychology*, Longman, Brown, Green and Longmans

Spencer, H.〔1864〕*Principled of Biology*, William and Norgate

Spencer, H.〔1879〕*The Data of Ethics*, Williamsn and Norgate

Sterelny, K. and Fraser, B.〔2016〕“Evolution and Moral Realism”, *British Journal of Philosophy of Science*, Vol. 68: 981-1006

Sulloway, F. J.〔1979〕*Freud, Biologist of the Mind: Beyond the Psychoanalytic Legend*, Harvard University Press

Twain, M.〔1906〕*What is Man?*, マーク・トウェイン、『人間とは何か』、中野好夫・訳、〔一九九三〕、岩波書店（岩波文庫）

内田亮子〔二〇〇七〕『人類はどのように進化したか――生物人類学の現在』、勁草書房

The United States of America〔1776〕The Declaration of Independence,『アメリカ独立宣言』、アメリカンセンターJapan, https://americancenterjapan.com/aboutusa/translations/2547/#jplist（二〇一九年六月二五日　最終確認）

The United States of America〔2009〕Joint resolution originating in the Senate 14 (April 30, 2009), https://www.congress.gov/bill/111th-congress/senate-joint-resolution/14/text（二〇一九年六月二五日　最終確認）

van Wyhe, J., Kjærgaard, Peter, C.〔2015〕“Going the whole orang: Darwin, Wallace and the natural history of orangutans”, *Studies in History and Philosophy of Science Part C: Studies in History and Philosophy of Biological and Biomedical Sciences*, Vol. 51: 53-63

Wallace, A. R.〔1869〕*Malay archipelago*, A・R・ウォレス、『マレー諸島――オランウータンと極楽鳥の国』、第二版（新装版）版、宮田彬・訳、〔一九九五〕、新思索社

Wallace, A. R.〔1869b〕*Letter to C. Darwin* (April 18, 1869), Darwin Correspondence project, https://www.darwinproject.ac.uk/

letter/DCP-LETT-6703.xml（二〇一九年六月二五日　最終確認）

Wallace, A. R.［1869c］“Sir Charles Lyell on geological climates and the origin of species”, *Quarterly Review*, Vol. 126 (252):359-394

Wallace, A. R.［1873］*Letter to C. Darwin* (November 18, 1873), Darwin Correspondence project, https://www.darwinproject.ac.uk/letter/?docId=letters/DCP-LETT-9151.xml;query=From%20Wallace,%20Spencer;brand=default（二〇一九年六月二五日　最終確認）

Wallace, A. R.［1876］The geographical distribution of animals; with a study of the relations of living and extinct faunas as elucidating the past changes of the Earth's surface, Volume 1, Harper & Brothers

Wallace, A. R.［1903］*Man's place in the Universe*, McClure, Phillips & Co.

Wallace, A. R.［1905］*My life: A record of events and opinions*, Dodd, Mead & Company

Wallace, A. R.［1908］“Evolution and Character”, *Fortnightly Review* (January, 1), The Alfred Wallace Page, https://people.wku.edu/charles.smith/wallace/S649.htm（二〇一九年六月二五日　最終確認）

Weyl, N.［1979］*Karl Marx, Racist*, Arlington House

第3章

Alcock, J.［2001］*Triumph of sociobiology*, ジョン・オルコック『社会生物学の勝利——批判者たちはどこで誤ったか』、長谷川眞理子・訳、［二〇〇四］、新曜社

Alkasir, R., Li, J., Li, X., Jin, M. and Zhu, B.［2017］“Human gut microbiota: the links with dementia development”, *Protein & cell*, Vol. 8 (2): 90-102.

Alexander, R. D.［1979］*Darwinism and Human Affairs*, University of Washington Press

Baldwin, J. R., Faulkner, S. L., Hecht, M. L., Lindsley, S. L.［2006］*Redefining culture: Perspectives across the disciplines*, Law-

rence Erlbaum Associates Publishers
Barkow, J. H., Cosmides, L., Tooby, J. [1992] *The Adapted Mind*, Oxford University Press
Benedict, R. [1934] *Patterns of Culture*, Houghton Mifflin Harcourt
Bethel, W. M. and Holmes, J. C. [1973] "Altered Evasive Behavior and Responses to Light in Amphipods Harboring Acanthocephalan Cystacanths", *The Journal of Parasitology*, Vol. 59 (6): 945-956
Boaz, F. [1910] *Race, Language and Culture*, University Chicago Press
Bonner, J. T. [1980] *The Evolution of Culture in Animals*, Princeton University Press
Bowler, P. J. [1986] *Theories of Human Evolution-A Century of Debate, 1844-1944*, The John's Hopkins University Press
Carabotti, M., Scirocco, A., Maselli, M. A. and Severi, C. [2015] "The gut-brain axis: interactions between enteric microbiota, central and enteric nervous systems", *Annals of gastroenterology: quarterly publication of the Hellenic Society of Gastroenterology*, Vol. 28 (2): 203-209
Chagnon, N. A. and Irons, W. [1979] *Evolutionary Biology and Human Social Behavior: An Anthropological Perspective*, Duxbury Press
Chudek, M. and Henrich, J. [2011] "Culture-gene coevolution, norm-psychology and the emergence of human prosociality", *Trends in cognitive sciences*, Vol. 15 (5): 218-226
Cronk, L., Chagnon, N., Irons, W., (Eds.) [2000] *Adaptation and Human Behavior*, Aldine de Gruyter
Daly, M. and Wilson, M. [1988] *Homicide*, マーティン・デイリー、マーゴ・ウィルソン、『人が人を殺すとき――進化でその謎をとく』、長谷川眞理子、長谷川寿一・訳、[一九九九]、新思索社
Darwin, C. [1859] *On the Origin of Species by Means of Natural Selection, or the Preservation of Favoured Races in the Struggle for Life*, チャールズ・ダーウィン、『種の起源（上・下）』、八杉龍一・訳、[一九九〇]、岩波書店（岩波文庫）
Darwin, C. [1860] Letter to Asa Gray (May 22, 1860), Darwin Correspondence Project, https://www.darwinproject.ac.uk/

letter/?docId=letters/DCP-LETT-2808.xml;query=to%20Asa%20Gray,%201860,%20May;brand=default（二〇一九年六月二五日最終確認）
Darwin, C.〔1871〕*The Descent of Man and Selection in Relation to Sex*, チャールズ・ダーウィン、『人間の進化と性淘汰I、II』、長谷川眞理子・訳、〔一九九九・二〇〇〇〕、文一総合出版
Darwin, C.〔1872〕*The Expression of the Emotions in Man and Animals*, チャールズ・ダーウキン、『人及び動物の表情について』、〔一九三一〕、浜中浜太郎・訳、岩波書店（岩波文庫）
Dawkins, R.〔1976〕*The Selfish Gene*, リチャード・ドーキンス、『利己的な遺伝子』、日高敏隆、岸由二、羽田節子、垂水雄二・訳、〔一九九一〕、紀伊國屋書店
Dawkins, R.〔1982〕*The Extended Phenotype*, リチャード・ドーキンス、『延長された表現型――自然淘汰の単位としての遺伝子』、日高敏隆、遠藤知二、遠藤彰・訳、〔一九八七〕、紀伊國屋書店
Dennett, D. C.〔1991〕*Consciousness Explained*, Little, Brown & Company
Erikson, P. A.〔1998〕*A History of Anthropological Theory*, Broad View Press
Fabre, P. H., Rodrigues, A., Douzery, E. J. P.〔2009〕“Patterns of macroevolution among Primates inferred from a supermatrix of mitochondrial and nuclear DNA” *Molecular Phylogenetics and Evolution*, Vol. 53 (3): 805-825
Fontdevila, A.〔2011〕*The Dynamic Genome*, Oxford University Press
Forterre, P.〔2012〕“Darwin's goldmine is still open: variation and selection run the world”, *Front. Cell. Infect. Microbiology*, Vol. 2 (Article 106): 1-13
Goodall, J.〔1998〕“Learning from the chimpanzees: A message humans can understand”, *Science*, Vol. 282 (5397):2184-2185
Gould, S. J.〔1977〕“The Return of hopeful monsters”, *Natural History*, Vol. 86 (6): 22-30
Gould, S. J.〔1981〕*Mismeasure of Man*, Norton
Gruber, H. E. and Barrett, P. H.〔1974〕*Darwin on Man: A Psychological Study of Scientific Creativity*, Dunton

Hamilton, W. D.［1964］"The Genetical Evolution of Social Behaviour." *Journal of Theoretical Biology*, Vol. 7 (1): 1-16

長谷川眞理子［二〇〇〇］「人間理解のための進化的アプローチ」、『人間の進化と性淘汰Ⅱ』、四九一－五〇五ページ、文一総合出版

Hey, J.［2010］"The Divergence of Chimpanzee Species and Subspecies as Revealed in Multipopulation Isolation-with-Migration Analyses", *Molecular Biology and Evolution*, Vol. 27 (4): 921-933

Hitler, A.［1942］*Adolf Hitler Monologe im Fuhrerhauptquartier*, 191-1944, http://www.answers.org/apologetics/Adolf-Hitler-Monologe-im-Fuehrerhauptquartier-1941-1944.pdf, Jan. 18-19, night, 1942, p.180（二〇一九年七月二五日　最終確認）

Huxley, T. H.［1859］*Letter to Charles Darwin* (November 23, 1859), Darwin Correspondence Project, https://www.darwinproject.ac.uk/letter/DCP-LETT-2544.xml（二〇一九年六月二五日　最終確認）

Huxley, T. H.［1863］*Evidence as to Man's Place in Nature*, William & Norgate

Ingold, T.［2018］*Anthropology: Why it matters*, Polity Press

Jorde, L. B. and Wooding, S. P.［2004］"Genetic variation, classification and 'race'", *nature Genetics*, Vol. 36: S28-S33

Keith, A.［1915］*Antiquity of man*, Williams & Norgate

Laland, K. N. and Hoppitt, W.［2003］"Do animals have culture?", Evolutionary Anthropology, Vol.12: 150-159

Linnaeus, C.［1758］*Systema Naturae*, the 10 ed., Laurentii Salvii, Mammalia, https://archive.org/details/carolilinnisys00linn/page/20（二〇一九年六月二五日　最終確認）

Lorenz, K. Z.［1963］*Das Sogenannte bose*, コンラート・ローレンツ、『攻撃』、日高敏隆、久保和彦・訳、［一九八五］、みすず書房

Lucas, J. R.［1979］"Wilberforce and Huxley: a Legendary Encounter", The Historical Journal, Vol. 22 (2): 313-330

Lyell, C.［1863］*The Geological Evidences of the Antiquity of Man, with Remarks on Theories of the Origin of Species by Variation*, Murray

Mann, A. and Weiss, M. 〔1996〕 "Hominoid Phylogeny and Taxonomy: a consideration of the molecular and Fossil Evidence in an Historical Perspective", *Molecular Phylogenetics and Evolution*, Vol. 5 (1): 169-181

Mayr, E. 〔1942〕 *Systematics and the origin of species from the viewpoint of a zoologist*, Columbia University Press

Meggers, B. J. and Evans, C. 〔1966〕 "A Transpacific Contact in 3000 B.C.", *Scientific American*, Vol. 214 (1): 28-35

Mesoudi, A. 〔2011〕 *Cultural Evolution: How Darwinian Theory can Explain Human Culture and Synthesize the Social Sciences*, University of Chicago Press

Morgan, L. H. 〔1877〕 *Ancient Society; or, researches in the lines of human progress from savagery, through barbarism to civilization*, H. Holt

Myowa-Yamakoshi, M., Tomonaga, M., Tanaka, M., Matsuzawa, T. 〔2004〕 "Imitation in neonatal chimpanzees (*Pan troglodytes*)", *Developmental Science*, Vol. 7 (4): 437-442

Odling-Smee, F. J., Odling-Smee, H., Laland, K. N., Feldman, M. W. 〔2003〕 *Niche Construction- the neglected process in evolution*, Princeton Univ. Press

Osborn, H. F. 〔1927〕 "Rencent Discoveries relating to the origin and antiquity of man", Science, Vol. 65 〔1690〕 : 481-488

Pearson, R. 〔1968〕 "Migration from Japan to Ecuador: the Japanese evidence", *American Anthropologist*, Vol. 70 (1): 85-86

Perry, G. H., Dominy, N. J., Claw, K. G., Lee, A. S., Fiegler, H. et al. 〔2007〕 "Diet and the evolution of human amylase gene copy number variation", *nature Genetics*, Vol. 39: 1256-1260

Potts, R. and Slone, C. 〔2010〕 *What does it mean to be human?*, National Geographic Society

Richerson, P. J. and Boyd, R. 〔2005〕 *Not by genes alone-how culture transformed human evolution*, University of Chicago Press

Ridley, M. 〔1986〕 *Animal Behavior: a concise introduction*, Blackwell Scientific

Ruvolo, M. 〔1997〕 "Molecular phylogeny of the hominoids: inferences from multiple independent DNA sequence data sets", *Mo-*

lecular Biology and Evolution, Vol. 14 (3): 248-265
Schlebusch, C. M., Malmström, H., Günther, T., Sjödin, P., Coutinho, A. et al.〔2017〕“Southern African ancient genomes estimate modern human divergence to 350,000 to 260,000 years ago”, *Science*, Vol. 358 (6363): 652-655
Service, E. R.〔1981〕“The Mind of Lewis H. Morgan”, *Current Anthropology*, Vol. 22 (1): 25-43
Shipman, P.〔1994〕*Evolution of Racism*, Simon & Schuster
Smith, G. E.〔1924〕*Evolution of man: Essays*, Oxford University Press
Tishkoff, S. A., Reed, F. A., Ranciaro, A., Voight, B. F. et. al.〔2007〕“Convergent adaptation of human lactase persistence in Africa and Europe”, *nature Genetics*, Vol. 39: 31-40
Trivers, R.〔1985〕*Social Evolution*, ロバート・トリヴァース、『生物の社会進化』、中嶋康裕、福井康雄、原田泰志・訳、〔一九九一〕、産業図書
Tylor, E. B.〔1871〕*Primitive Culture: Researches Into the Development of Mythology, Philosophy, Religion, Language, Art and Custom*, エドワード・バーネット・タイラー、『原始文化』松村一男監修、奥山倫明、奥山史亮、長谷千代子、掘雅彦・訳、〔二〇一九〕、国書刊行会
内田亮子〔二〇〇三〕（書評）エドワード・O・ウィルソン著『知の挑戦——科学的知性と文化的知性の統合』、『生物の科学「遺伝」』、五七（五）、一〇五ページ
内田亮子〔二〇〇七〕『人類はどのように進化したか——生物人類学の現在』、勁草書房
内田亮子〔二〇一六〕「人類進化と構成論的言語進化研究」、『計測と制御』、五三（九）：八六五－八六六ページ
Wilson, E. O.〔1975〕*Sociobiology*, エドワード・O・ウィルソン、『社会生物学』、〔一九九九〕、坂上昭一、宮井俊一 他九名・訳、新思索社
Wilson, E. O.〔1978〕*On Human Nature*, エドワード・O・ウィルソン、『人間の本性について』、岸由二・訳、〔一九九七〕筑摩書房（ちくま学芸文庫）

Wilson, E. O.〔1998〕*Consilience: the unity of knowledge*, エドワード・O・ウィルソン、『知の挑戦――科学的知性と文化的知性の統合』、山下篤子・訳、〔二〇〇二〕、角川書店

Wynne-Edwards, V., C,〔1962〕*Animal Dispersion in relation to social behavior*, Olver and Boyd

山極寿一〔二〇一三〕「人間を作るのは」、毎日新聞連載「時代の風」、八月一八日、(http://www.wildlife-science.org/ja/DrYamagiwa/2013-08.html)（二〇一九年六月二五日　最終確認）

第4章

Atkinson, E.G., Audesse, A.J., Palacios, J.A., Bobo, D. M., Webb, A.E., Ramachandran S., Henn, B. M.〔2018〕"No Evidence for Recent Selection at FOXP2 among Diverse Human Populations", *Cell*, Vol. 174 (6): 1421-1432.e5

Baldwin, J. M.〔1898〕*The story of the mind*, D. Appleton

Baldwin, J. M.〔1909〕*Darwin and Humanities*, Review Publishing Co.

Baldwin, J. M., Osborn, H. F., Morgan, C. L., Poulton, E. B.〔1902〕*Development and evolution: including psychophysical evolution, evolution by orthoplasy, and the theory of genetic modes*, Macmillan

Barnard, A.〔2012〕*Genesis of Symbolic Thought*, Cambridge University Press

Bates, E.〔1979〕*The Emergence of Symbols: Cognition and Communication in Infancy*, Academic Press

Berwick, R. C., Friederici, A., Chomsky, N. and Bolhuis, J. J.〔2013〕"Evolution, brain, and the nature of language", *Trends in Cognitive Sciences*, Vol. 17 (2): 89-98

Berwick, R. C. and Chomsky, N.〔2015〕*Why Only Us: Language and Evolution*, The MIT Press

Bleek, W. H. I., and Lloyd, L. C.〔1911〕*Specimens of Bushman folklore*, George Allen and Company

Boesch, C.〔2015〕"Similarities between chimpanzee and human culture", (In) M. J. Gelfand, C. Y. Chiu, Y. Y. Hong (Eds.)*Handbook of Advances in Culture and Psychology*, Vol. 5, pp. 1-37, Oxford University Press

Bolhuis, J. J., Okanoya, K., Sharff, C.［2010］“Twitter evolution: converging mechanisms in birdsong and human speech”, Nature Reviews Neuroscience, Vol. 11: 747-759

Boysen, S.［1996］“More is less: The elicitation of rule-governed resource distribution in chimpanzees”, (In) A. E. Russon et al. (Eds.), *Reaching into thought: the minds of the great apes*, pp. 17-189, Cambridge University Press

Carbonell, E. and Mosquera, M.［2006］“The emergence of a symbolic behaviour: the sepulchral pit of Sima de los Huesos, Sierra de Atapuerca, Burgos, Spain”, *Human Palaeontology and Prehistory*, Vol. 5 (1-2): 155-160

Carlson, S. M., Davis, A. C. and Leach, J. G.［2005］“Less Is More: Executive Function and Symbolic Representation in Preschool Children”, *Psychological Science*, Vol.16 (8): 609-616

Chen, J., Zou, Y., Sun, Y. H., and ten Cate, C.［2019］“Problem-solving males become more attractive to female budgerigars”, *Science*, Vol. 363 (6423): 166-167

Cheney, D. L., Seyfarth, R. M.［1990］*How monkeys see the world*, University of Chicago Press

Chomsky, N.［1957］*Syntactic Structures*, Mouton

Chomsky, N.［1986］*Knowledge of language: Its nature, origin, and use*, Praeger

Coolidge, F. L. and Overmann, K. A.［2012］“Numerosity, Abstraction, and the Emergence of Symbolic Thinking”, *Current Anthropology*, Vol. 53 (2): 204-225.

d'Errico, F.［2003］“Criteria of symbolicity and the archaeology of symbolism. How to fill the gap?”, (In) *A round table organized at the 9th annual Meeting of the European Archaeologists Association, St. Petersburg, Russia*, pp.16-25, European Archaeologists Association

Darwin, C.［1859］*On the Origin of Species by Means of Natural Selection, or the Preservation of Favoured Races in the Struggle for Life*、チャールズ・ダーウィン、『種の起源（上・下）』、八杉龍一・訳、［一九九〇］、岩波書店

Darwin, C.［1871］*The Descent of Man and Selection in Relation to Sex*、チャールズ・ダーウィン、『人間の進化と性淘汰Ⅰ、

II』、長谷川眞理子・訳、〔二〇〇〇〕、文一総合出版
de Araujo, U. E., Rolls, E. T., Velazco, M. I., Marot, C., Cayeux, I.〔2005〕"Cognitive modulation of olfactory processing", *Neuron*, Vol. 46 (4): 671-679
Deacon, T.〔1997〕*Symbolic species: the co-evolution of language and the brain*, W. W. Norton
Deacon, T.〔2010〕"A role for relaxed selection in the evolution of the language capacity", *Proceedings of National Academy of Science of the USA*, Vol.107（Suppl.2): 9000-9006
Dennett, D. C.〔1991〕*Consciousness Explained*, Little, Brown and Co.
Dunbar, R.〔1996〕*Grooming, gossip, and the evolution of language*, ロビン・ダンバー、『ことばの起源――猿の毛づくろい、人のゴシップ』、松浦俊輔、服部清美・訳〔一九九八〕、青土社
Eising, E., Carrion-Castillo, A., Vino, A., Strand, E. A., Jakielski, K., Scerri, T. S. , Michael, S., Hildebrand, M. S., Webster, R. et al.〔2019〕"A set of regulatory genes co-expressed in embryonic human brain is implicated in disrupted speech development" *Molecular Psychiatry*, Vol. 24: 1065-1078
Enard, W., Przeworski, M., Fisher, S. E, Lai, C. S.L., Wiebe, V., Kitano, T., Monaco, A. P., Pääbo, S.〔2002〕"Molecular evolution of FOXP2, a gene involved in speech and language", *Nature*, Vol. 418: 869-872
Everett, D. L.〔2005〕"Cultural constraints on grammar and cognition in Pirahã: another look at the design features of human language", *Current Anthropology*, Vol. 46: 621-646.
Fedurek, P. and Slocombe, K. E.〔2011〕"Primate vocal communication: a useful tool for understanding human speech and language evolution?", *Human Biology*, Vol. 83 (2): 153-174
Fujita, K.〔2014〕"Recursive Merge and human language evolution", (In) T. Roeper, T. and M. Speas, M. (Eds.), *Recursion: Complexity in cognition*, pp. 243-264, Springer
藤田耕司・岡ノ谷一夫〔二〇一二〕「進化言語学の構築を目指して」、藤田耕司・岡ノ谷一夫（編）『進化言語学の構

築：新しい人間科学を目指して』、一―一一ページ、ひつじ書房
Garson, N., Bryson, S. E., Smith, I. M.［2008］“Executive Function in Preschoolers: A review Using an integrateive framework”, *Psychological Bulletin*, Vol. 134（1): 31-60
Gillespie-Lynch, K., Greenfield, P. M., Lyn, H., Savage-Rumbaugh, S.［2014］“Gestural and symbolic development among apes and humans: support for a multimodal theory of language evolution”, *Frontiers in Psychology*, Vol.5, (October): 1-10
Grandin, T.［1995］*Thinking in pictures and other reports from my life with autism*, Doubleday
Grimes, B. F.（ed.）［2001］*Languages of the World. 14th edition. Dallas: Summer Institute of Linguistics*, Academic Books
Harnad, S.［1990］“The symbol grounding problem”, Physica, Vol. 42 (1-3): 335-346
Harris, R., and Taylor T. J.［1989］*Landmarks in Linguistic Thought: The Western Tradition from Socrates to Saussure*, ロイ・ハリス、タルボット・J・テイラー、『言語論のランドマーク――ソクラテスからソシュールまで』、斎藤伸治、滝沢直宏・訳、［一九九七］、大修館書店
橋本敬［二〇一六］「言語とコミュニケーションの創発に対する複雑系アプローチとはなにか」、『計測と制御』、五三（九）：七八九―七九三ページ
Haun, D. B. M. and Rapold, C. J.［2009］“Variation in memory for body movements across cultures”, *Current Biology*, Vol. 19 (23): R1068-1069
Henshilwood, C., d'Errico, F., Vanhaeren, M., Nikerek, K., Jacobs, Z.［2004］“Middle Stone Age Shell Beads from South Africa”, *Science*, Vol. 304 (5669): 404
Henshilwood, C.［2009］“Engraved ochres from the Middle Stone Age levels at Blombos Cave, South Africa”, *Journal of Human Evolution*, Vol. 57 (1): 27-47
廣井敏男、富樫裕［二〇一〇］「日本における進化論の受容と展開――丘浅次郎の場合」、『東京経済大学人文自然科学論集』（一二九）、一七三―一九五ページ

Hoffmann, D. L., Standish, C. D., García-Diez, M., Pettitt, P. B., Milton, J. A., Zilhão, J. et al.〔2018〕“U-Th dating of carbonate crusts reveals Neanderthal origin of Iberian cave art”, *Science*, Vol. 359 (6378): 912-915.

Hovers, E., Ilani,S., Bar-Yosef, O., Vandermeersch, B.〔2003〕“An Early Case of Color Symbolism: Ochre Use by Modern Humans in Qafzeh Cave 1”, *Current Anthropology*, Vol. 44 (4): 491-522

Hua, X., Greenhil, S. J., Cardillo, M., Scheemann, H., Bromham, L.〔2019〕“The ecological drivers of variation in global language diversity”, *Nature Communications*, Vol. 10, Article number 2047

Hunter, G. and Inwood, B.〔1984〕“Plato, Leibniz, and the Furnished Soul”, *Journal of the History of Philosophy*, Vol. 22 (4)): 423-434

Hurford, R., Studdert-Kennedy, M., Knight, C. (Eds.)〔1998〕*Approaches to the Evolution of Language: social and cognitive bases*, Cambridge University Press

Huth, A. G., de Heer, W. A., Griffiths, T. L., Theunissen, F. E., Gallant, J. L.〔2016〕“Natural speech reveals the semantic maps that tile human cerebral cortex”,*Nature*, Vol. 532: 453-458

Ibbotson, P. and Tomasello, M.〔2016〕“Evidence Rebuts Chomsky's Theory of Language Learning” (Originally published as “Language in a New Key”), *Scientific American*, Vol. 315 (5): 70-75

Inoue, S., Matsuzawa, T.〔2007〕“Working memory of numerals in chimpanzees”, *Current Biology*, Vol. 17 (23): R1004-R1005

Just, M. A., Cherkassky, V. L., Keller, T. A., Minshew, N. J.〔2004〕“Cortical activation and synchronization during sentence comprehension in high-functioning autism: evidence of underconnectivity”, *Brain*, Vol. 127 (8): 1811-1821

旧約聖書〔n.d.〕創世記、関根正雄・訳、改版〔一九六七〕、岩波書店（岩波文庫）

Kagawa, H., Yamada, H., Lin, R., Mizuta, T., Hasegawa, T., Okanoya, K.〔2012〕“Ecological correlates of song complexity in white-rumped munias: The implication of relaxation of selection as a cause for signal variation in birdsong” *Interaction Studies*, Vol. 13 (2): 263-284

Levenson, J. D. ［2004］ “Genesis: introduction and annotations”, The Jewish Study Bible: 8-101

Lewis, N. A., Serrato-Capuchina, A. and Pfennig, D. W. ［2017］ “Genetic accommodation in the wild: evolution of gene expressionplasticity during character displacement”, *Journal of Evolutionary Biology*, Vol. 30: 1712-1723

Macedonia, J. M. and Evans, C. ［1993］ “Essay on Contemporary Issues in Ethology: Variation among Mammalian Alarm Call Systems and the Problem of Meaning in Animal Signals”, *Ethology*, Vol. 93: 177-197

Matsuzawa, T., Tomonaga, M. and Tanaka, M. ［2006］ *Cognitive development in chimpanzees*, Springer

Matsuzawa, T. ［2009］ “Symbolic representation of number in chimpanzees”, *Current opinion in neurobiology*, Vol. 19 (1): 92-98

Mcbreaty, S. and Brooks, A. ［2000］ “The revolution that wasn't: a new interpretation of the origin of modern human behavior”, *Journal of Human Evolution*, Vol. 39 (5):453-563

Mithen, S. ［1996］ *The Prehistory of the Mind: a search for the origins of art, religion and science*, スティーヴン・ミズン、『心の先史時代』松浦俊輔、牧野美佐緒・訳、［一九九八］、青土社

Mithen, S. ［2005］ *The Singing Neanderthals: The Origins of Music, Language, Mind and Body*, スティーヴン・ミズン、『歌うネアンデルタール：音楽と言語から見るヒトの進化』、熊谷淳子・訳、［二〇〇六］、早川書房

Namy, L. L. and Waxman, S. R. ［2005］ “Symbol Redefined”, (In) L. Namy (Ed.), *Symbol use and symbol representation*, pp. 269-277, Erlbaum

Ogden, C. K. and Richards, I. A. ［1923］ *The Meaning of Meaning: A Study of the Influence of Language upon Thought and of the Science of Symbolism*, Trench, Trubner & Company, Limited

丘浅次郎［一九〇四］『進化論講話』、開成館、［一九六七］有精堂出版

Peirce, C. S. ［1923］ *Chance, Love, and Logic-Philosophical Essays*, M. R. Cohen (ed.) ［1998］, University of Nebraska Press

Peirce, C. S. ［1974］ *Collected papers of Charles Sanders Peirce*. Vol. 2. C. Hartshorne and P. Weiss (Eds.), Harvard University Press.

Petzinger, G. V. 〔2016〕 *The First Signs: Unlocking the Mysteries of the World's Oldest Symbols*, Simon & Schuster, Inc.

Piliucchi, M., Murren, C. D., Shilichting, C. D. 〔2006〕 "Phenotypic plasticity and evolution by genetic assimilation", *Journal of Experimental Biology*, Vol. 209: 2362-2367

Preucel, R. W. 〔2010〕 *Archaeological Semiotics*, Wiley-Blackwell

Price, T., Wadewitz, P., Cheney, D., Seyfarth, R., Hammerschmidt, K., Fisher, J. 〔2015〕 "Vervets revisited: A quantitative analysis of alarm call structure and context specificity", *Scientific reports*, 5: 13220

Price, T. D, Qvarnström, A., Irwin, D. E. 〔2003〕 "The role of phenotypic plasticity in driving genetic evolution", *Proceedings Biological Science*, Vol. 270 (1523): 1433-1440

Pulvermüller, F. 〔2018〕 "The case of CAUSE: neurobiological mechanisms for grounding an abstract concept" *Philosophical Transactions of the Royal Society B: Biological Sciences*, Vol. 373 (1752): 20170129

Queiroz, J., Ribeiro, S. 〔2002〕 "The biological substrate of icons, indexes, and symbols in animal communication: A neurosemiotic analysis of vervet monkey alarm calls", (In) M. Shapiro (ed.) *The Peirce Seminar Papers*, Vol. 5, pp. 69-78, Berghahn Books

Rakoczy, H., Tomasello, M., Striano, T. 〔2005〕 "How Children Turn Objects into Symbols: A Cultural Learning Account", (In) L. Namy (ed.) *Symbol use and symbol representation*, pp. 69-97, Erlbaum

Ribeiro, S., Loula, A., Araújo, I., Gudwin, R., Queirozbd, J. 〔2007〕 "Symbols are not uniquely human", *Biosystems*, Vol. 90 (1): 263-272

Romandini, M., Peresani, M., Laroulandie, V., Metz, L., Pastoors, A., Vaquero, M., Slimak, L. 〔2014〕 "Convergent Evidence of Eagle Talons Used by Late Neanderthals in Europe: A Further Assessment on Symbolism", *Plos one*, 9 (7): e101278

Savage-Rambaugh, E. S. and Lewin, R. 〔1996〕 *Kanji; The Ape at the Bringk of the Human Mind*, Wiley

Savage-Rambaugh, E. S., Rambaugh, D. M., Smith, S. T., Lawson, J. 〔1980〕 "Reference: The linguistic essential", *Science*, Vol.

210 (4472): 922-925

Scharff, C. and Petri, J.〔2011〕“Evo-devo, deep homology and FoxP2: implications for the evolution of speech and language”, *Philosophical Transactions of the Royal Society B: Biological Sciences*, Vol. 366 (1574): 2124-2140

Skinner, B. F.〔1957〕*Verbal Behavior*, Copley Publishing Group

Sperber, D.〔1975〕*Rethinking Symbolism*, Cambridge University Press

Sperber, D.〔2000〕*Metarepresentations - a multidisciplinary perspective*, Oxford University Press

Stout, D. and Chaminade, T.〔2009〕“Making Tools and Making Sense: Complex, Intentional Behaviour in Human Evolution”, *Cambridge Archaeological Journal*, Vol. 19 (1): 85-96

Taniguchi, T. and Sawaragi, T.〔2003〕“An Approach of Self-Organizational Learning System of Autonomous Robots by Grounding Symbols through Interaction with Their Environment”, SICE (the Society of Instrument and Control Engineers) Annual Conference, Fukui

Texier, P. J., Porraz, G., Parkington, J., Rigaud, J. P., Poggenpoel, C., Miller, C. et al.〔2010〕“A Howiesons Poort tradition of engraving ostrich eggshell containers dated to 60,000 years ago at Diepkloof Rock Shelter, South Africa”, *Proceedings of the National Academy of Sciences*, Vol. 107 (14): 6180-6185.

Tomasello, M.〔2003〕*Constructing a language: A usage-based theory of language acquisition*, Harvard University Press

Tomonaga, M., Tanaka, M., Matsuzawa, T., Myowa-Yamakoshi, M., Kosugi, D., Mizuno, Y. et al.〔2004〕“Development of social cognition in infant chimpanzees (*Pan troglodytes*): Face recognition, smiling, gaze, and the lack of triadic interactions”, *Japanese Psychological Research*, Vol. 46 (3): 227-235.

Townsend, S. W. and Manser, M. B.〔2013〕“Functionally Referential Communication in Mammals: The Past, Present and the Future”, *Ethology*, Vol. 119 (1): 1-11

内田亮子〔二〇一二〕「言語の進化＝生き方の進化という観点から」、藤田耕司・岡ノ谷一夫（編）『進化言語学の構

築：新しい人間科学を目指して』、一三三―一六〇ページ、ひつじ書房
Uchida, A. and Deacon, T. W.［2017］“The Trouble with symbol: Symbolic behavior and human evolution”, Behavior 2017 (a joint meeting of the 35th International Ethological Conference and the 2017 Summer Meeting of the Association for the Study of Animal Behaviour, Estoril, Portugal
Waddington, C. H.［1953］“Genetic assimilation of an acquired character”, *Evolution*, Vol. 7 (2): 118-126
Watson, S. K., Townsend, S. W, Scgekm A. M., Wilke, C., Wallace, E., Leveda, C., West, V., Slocombe, K.［2015］“Vocal Learning in the Functionally Referential Food Grunts of Chimpanzees”, *Current Biology*, Vol. 25 (4): 495-499
Weber, B. H. and Depew, D. J.（Eds.）［2003］*Evolution and Learning: The Baldwin Effect Reconsidered*, The MIT Press
Wheeler, B. C. and Fishcer, J.［2012］“Functionally referential signals: a promising paradigm whose time has passed”, *Evolutionary Anthropology*, Vol. 21: 195-205
Whiten, A. and Boesch, C.［2001］“The culture of chimpanzees”, Scientific American, Vol. 284 (1): 60-67
Wittgenstein, L.［1953］*Philosophische Untersuchungen*, ルートヴィヒ・ヴィトゲンシュタイン、『哲学探究』、丘沢静也・訳、［二〇一三］、岩波書店
Womack, M.［2005］*Symbols and meaning: A concise introduction*, Rowman & Littlefield Publishers, Inc.
山内肇［二〇一二］「パリ言語学会が禁じた言語起源」、藤田耕司・岡ノ谷一夫（編）、『進化言語学の構築：新しい人間科学を目指して』、三五―五三ページ、ひつじ書房
Yin, J. X., Ruan, Y. N. , Liu, J. L. , Zang, S. Y. , Racey, P.［2007］“FoxP2 expression in an echolocating bat (Rhinolophus ferrumequinum): Functional implications”, *Mammalian Biology*, Vol. 85: 24-29

第5章

Amnesty International［2019］“Abortion laws in the US｜10 things you need to know”, (June, 11, 2019), https://www.amnesty.

org/en/latest/news/2019/06/abortion-laws-in-the-us-10-things-you-need-to-know/（二〇一九年六月二五日　最終確認）
Anderson, B.［1983］*Imagined Communities: Reflections on the Origin and Spread of Nationalism* (Revised Ed.), ベネディクト・アンダーソン、『想像の共同体：ナショナリズムの起源と流行』、白石隆、白石さや・訳、［二〇〇七］、書籍工房早山
Anti-Slavery International［2018］"What is modern Slavery?" https://www.antislavery.org/slavery-today/modern-slavery/（二〇一九年六月二五日　最終確認）
Archer, J.［2006］"Testosterone and human aggression: an evaluation of the challenge hypothesis", *Neuroscience & Behavioral Reviews*, Vol. 30 (3): 319-345
Black, A. Y., Fleming N. A., Rome, E.［2012］"Pregnancy in adolescents", *Adolescent Medicine*, Vol. 23 (1): 123-138
Boyle, C. A., Boulet, S., Shieve, L., Cohen, R.A., Blumberg, S. J., Yeangin-Allsopp et al.［2011］"Trends in the Prevalence of Developmental Disabilities in US Children, 1997–2008", *Pediatrics*, Vol. 127 (6): 1034-1042
Brown, A.［2018］"Five Spills, Six months in operation: Dakota Access Track Record Highlights Unavoidable Reality-Pipeline Leak", *The Intercept*, (Jan. 1, 2018), https://theintercept.com/2018/01/09/dakota-access-pipeline-leak-energy-transfer-partners/（二〇一九年六月二五日　最終確認）
Carrol, L.［1871］*Through the looking glass*, ルイス・キャロル、『鏡の国のアリス』、山形浩生・訳、プロジェクト杉田玄白（https://www.genpaku.org/alice02/alice02j.html）（二〇一九年六月二五日　最終確認）
Darwin, C.［1845］*Voyage of the Beagle*, チャールズ・ダーウィン、『(新訳）ビーグル号世界航海記（上・下）』、荒俣宏・訳、［二〇一三］、平凡社
Darwin, C.［1859］*On the Origin of Species by Means of Natural Selection, or the Preservation of Favoured Races in the Struggle for Life*、チャールズ・ダーウィン、『種の起源（上・下）』、八杉龍一・訳、［一九九〇］、岩波書店（岩波文庫）
Darwin, C.［1871］*The Descent of Man and Selection in Relation to Sex*、チャールズ・ダーウィン、『人間の進化と性淘汰Ｉ、

II』、長谷川眞理子・訳、〔一九九九・二〇〇〇〕、文一総合出版
De Dreu, C. K., Greer, L. L., Van Kleef, G. A., Shalvi, S., Handgraaf, M. J.〔2011〕“Oxytocin promotes human ethnocentrism”, Proc. Natl. Acad. Sci. U.S.A, Vol. 108 (4): 1262-1266
de Waal, F. B. M.〔1990〕*Peacemaking among Primates*, フランス・B・M・ドゥ・ヴァール、西田利貞、榎本知郎・訳、『仲直り戦術――霊長類は平和な暮らしをどのように実現しているか』、〔一九九三〕、どうぶつ社
Ellison, P. T., Bribiescas, R. G., Bentley, G. R., Campbell, B. C., Lipson, S. F. et al.〔2002〕“Population variation in age-related decline in male salivary testosterone”, *Human Reproduction*, Vol. 17 (12): 3251-3253
Flinn, M. V. and Alexander, R. D.〔2007〕Runaway social selection in human evolution. (In) S. W. Gangestad and J. A. Simpson (Eds.), *The Evolution of Mind: Fundamental Questions and Controversies*, pp. 249-255, Guilford Press
Furze, A.〔2019〕“Why do some people believe the Earth is flat?”, *Phys.Org*, Jan. 14, 2019, https://phys.org/news/2019-01-people-earth-flat.html（二〇一九年六月二五日　最終確認）
Head, T.〔2018〕“Interracial Marriage Laws History & and Timeline”, Thought Co., https://www.thoughtco.com/interracial-marriage-laws-721611（二〇一九年七月五日　最終確認）
Hill, K. R., Walker, R. S., Božičević, M., Eder, J., Headland, T., Hewlett, B. et al.〔2011〕“Co-Residence Patterns in Hunter-Gatherer Societies Show Unique Human Social Structure”, Science, Vol. 331 (6022): 1286-1289
The Japan Times（AFP）〔2018〕“Chinese man arrested after calling Kenya's president a 'monkey'”, https://www.japantimes.co.jp/news/2018/09/06/world/chinese-man-arrested-calling-kenyas-president-monkey/#.XTfo1i3AM1A（二〇一九年七月五日　最終確認）
Key, T. K., Verkasalo, P. K., Banks, E.〔2001〕“Epidemiology of breast cancer”, *The lancet oncology*, Vol. 2 (3): 133-140
厚生労働省〔二〇一九〕「免疫アレルギー疾患研究 10か年戦略」について（二〇一九年一月二三日発表）、https://www.mhlw.go.jp/stf/shingi2/0000172968_00005.html（二〇一九年六月二五日　最終確認）

Laland, K. N. ［2017］ *Dawrin's Unfinished Symphony - how culture made the human mind*, Princeton University Press

Lawrence, J. and Robert, E. ［1955］ *Inherit the wind*, (paperback), ［1976］ , Bantam Books

メイニー、ケヴン［二〇一七］「ウォール街を襲うＡＩリストラの嵐」、Newsweek（日本版）、（二〇一七年八月三日）

松山尚幹［二〇一九］「アイヌ新法が成立　「先住民族」と初めて明記」、二〇一九年四月一九日、朝日新聞DIGITAL、https://www.asahi.com/articles/ASM4M33SVM4MUTFK004.html、（二〇一九年七月五日　最終確認）

Nørby, S. ［2015］ "Why Forget? On the Adaptive Value of Memory Loss", *Perspective on Psychological Science*, Vol. 10 (5): 551-578

O'Malley, M. ［2012］ "Colored me", The Aporetic, (http://theaporetic.com/?p=54) （二〇一九年六月二五日　最終確認）

Ong K. K, Ahmed, M. L., Dunger, D. B. ［2006］ "Lessons from large population studies on timing and tempo of puberty (secular trends and relation to body size): The European trend", *Molecular Cell and Endocrinology*, Vol. 254: 8-12

Oxford, J., Ponzi, D. Geary D. C. ［2010］ "Hormonal responses differ when playing violent video games against an ingroup and outgroup", *Evolution and Human Behavior*, Vol. 31: 201-209

Petroski, H. ［1992］ *The Evolution of Useful Things: How everyday Artifacts-from forks and pins to paper clips and zippers-came to be as they are*, (Reprint ver.), Vintage

Reimers, L. and Diekhof, E. K. ［2015］ "Testosterone is associated with cooperation during intergroup competition by enhancing parochial altruism", *Frontiers Neuroscience*, Vol. 9: 183

Rolls, E. T., and Deco, G. ［2010］ *The Noisy Brain: Stochastic Dynamics as a Principle of Brain Function*, Oxford University Press

Sapolsky, R. ［2017］ *Behave: The biology of Humans at our best and worst*, Penguin Press

Segal, M. ［2019］ *Why the Brain Is So Noisy - the surprising importance of spontaneous order and noise to how we think*, Nautilus

Shamay-Tsoory, S. G. and Abu-Akel, A. ［2016］ "The Social Salience Hypothesis of Oxytocin", *Biological Psychiatry*, Vol. 79

(3): 194-202
Simonite, T.〔2019〕“This New Poker Bot Can Beat Multiple Pros—at Once”, July 11, 2019, *WIRED*, https://www.wired.com/story/new-poker-bot-beat-multiple-pros/?verso=true,（二〇一九年七月二五日　最終確認）
Smith, D. L.〔2007〕*The most dangerous animal: Human nature and the origins of war*, St. Martin's Press
下條信輔〔一九九九〕『〈意識〉とは何だろうか——脳の来歴、知覚の錯誤』、講談社（講談社現代新書）
Travison, T. G., Arujo, A. B., Kupeliam, V., O'Donnell, A.B., McKinlay, J. B.〔2007〕“The Relative Contributions of Aging, Health, and Lifestyle Factors to Serum Testosterone Decline in Men”, *The Journal of Clinical Endocrinology & Metabolism*, Vol.19 (2): 549-555
United Kingdom Legislation〔2015〕“Modern Slavery Act 2015”, legislation.gov. uk, http://www.legislation.gov.uk/ukpga/2015/30/contents/enacted（二〇一九年六月二五日　最終確認）
U.S. history.org〔n.d.〕“The Monkey Trial”, http://www.ushistory.org/us/47b.asp（二〇一九年六月二五日　最終確認）
Van Valen, L.〔1977〕“Red Queen”, *The American Naturalist*, Vol. 11 (980): 809-810
Vincent, J.〔2018〕“Google ‘fixed’ its racist algorithm by removing gorillas from its image-labeling tech”, Jan. 12, 2018, THE VERGE, https://www.theverge.com/2018/1/12/16882408/google-racist-gorillas-photo-recognition-algorithm-ai（二〇一九年六月二五日　最終確認）
Vuorisalo, T., Arjamaa, O., Vasemägi, A., Taavitsainen, J. P., Tourunen, A., Saloniemi, I.〔2012〕“High Lactose Tolerance in North Europeans: a reseult of migration, not in situ milk consumption”, *Prospective in Biology and Medicine*, Vol. 55 (2): 163-174
Wagner, J. D., FLynn, M. V., England, B. G.〔2002〕“Hormonal response to competition among male coalitions”, *Evolution and Human Behavior*, Vol. 23: 437-442
Wingfield, J. C., Hegner, R. E., Dufty, A. M., Ball, G. F.〔1990〕“The ‘Challenge Hypothesis’: Theoretical Implications for Patterns of Testosterone Secretion, Mating Systems, and Breeding Strategies”, *American Naturalist*, Vol. 136 (6): 829-846

Wrangham, R. W. and WIlson, M.〔2004〕“Collective Violence: Comparisons between Youths and Chimpanzees”, *Annals of the New York Academy of Science*, Vol. 1036: 233-256

Wyshak, G. and Frisch, R.〔1982〕“Evidence for a secular trend in age of menarche”, *New England Journal of Medicine*, Vol. 306: 1033-1035

Yampolsky,R.〔2019〕“Unexplainability and Incomprehensibility of Artificial Intelligence”, (June 20., 2019), https://philpapers.org/archive/YAMUAI.pdf, PhilPapers.org（二〇一九年七月二〇日　最終確認）

Zahavi, A.〔1975〕“Mate selection-a selection for a handicap”, *Journal of theoretical Biology*, Vol. 53（1): 205-214

終章

Arts and Humanities Research Council (AHRC), Center for the Evolutionary Analysis of Cultural Behavior Website〔2005〕http://www.ceacb.ucl.ac.uk/people/（二〇一九年七月五日　最終確認）

AHRC, Center for the Evolution of Cultural Diversity Website〔2006〕http://www.cecd.ucl.ac.uk/home/（二〇一九年七月五日　最終確認）

Ariely, D.〔2008〕*Predictably Irrational: The Hidden Forces That Shape Our Decisions*, ダン・アリエリー、『予想どおりに不合理: 行動経済学が明かす「あなたがそれを選ぶわけ」』、熊谷淳子・訳、〔2013〕、早川書房

BBC News〔2019〕“Germany adopts intersex indentity into law”, Jan. 1, 2019, https://www.bbc.com/news/world-europe-46727611（二〇一九年七月五日　最終確認）

Carlson, R.〔1962〕*Silent Spring*, レイチェル・カールソン、『沈黙の春』改版、青樹簗一・訳、〔一九七四〕、新潮社

Chudek, M., and Henrich, J.〔2011〕“Culture-gene coevolution, norm-psychology and the emergence of human prosociality”, *Trends in cognitive sciences*, Vol. 15 (5): 218-226.

Claidière, N., Scott-Phillips, T. C., and Sperber, D.〔2014〕“How Darwinian is cultural evolution? ”, *Philosophical Transactions of the Royal Society B: Biological Sciences*, Vol. 369 (1642): 20130368

Cultural Evolution Society Website〔2017〕(https://culturalevolutionsociety.org)（二〇一九年七月五日　最終確認）

Darwin, C.〔1845〕*Voyage of the Beagle*, チャールズ・ダーウィン、『（新訳）ビーグル号世界航海記（上・下）』、荒俣宏・訳、〔二〇一三〕、平凡社

Darwin, C.〔1859〕*On the Origin of Species by Means of Natural Selection, or the Preservation of Favoured Races in the Struggle for Life*, チャールズ・ダーウィン、『種の起源（上・下）』、八杉龍一・訳、〔一九九〇〕、岩波書店（岩波文庫）

Darwin, C.〔1871〕*The Descent of Man and Selection in Relation to Sex*, チャールズ・ダーウィン、『人間の進化と性淘汰I、II』、長谷川眞理子・訳、〔一九九九・二〇〇〇〕、文一総合出版

Dobzansky, T.〔1973〕"Nothing in Biology Makes Sense except in the Light of Evolution", The American Biology Teacher, Vol. 34 (3):125-129

Figueiredo, A. R. and Abreyu, T.〔2015〕"Suicide Among LGBT Individuals", European Psychiatry, Vol. 30 (1): 28-31

Forte, A., Trobia, F., Gualtieri, F., Kamis, D A., et al.〔2018〕"Suicide Risk among Immigrants and Ethnic Minorities: A Literature Overview", *Int. J. Environ. Res. Public Health*, Vol. 15 (7): 1438-1459

Gibson, L.〔2019〕"The Opioids Emergency-Medicine's response to America's largest public-health crisis", *Harvard Magazine (March-April)*, Harvardmagazine.com,

https://harvardmagazine.com/2019/03/opioids-crisis-pain-suboxone（二〇一九年七月五日　最終確認）

Gluckman, P., Beedle, A., Buklijas, T., Low, F., Hanson, M.〔2016〕*Principles of Evolutionary Medicine (2nd ed.)*, Oxford University Press

Henrich, J. P., Boyd, R., Bowles, S., Camerer, C., Fehr, E. and Gintis, H., (Eds.)〔2004〕*Foundations of Human Sociality: Economic Experiments and Ethnographic Evidence from Fifteen Small-Scale Societies*, Oxford University Press

Hsu, M., Anen, C. and Quartz, S. R.〔2008〕"The right and the good: distributive justice and neural encoding of equity and effi-

ciency", Science, Vol. 320（5879): 1092-1095
井村裕夫［二〇一二］『進化医学――人の進化が生んだ疾患』、羊土社
金子みすゞ［一九八四］『わたしと小鳥とすずと――金子みすゞ童謡集』、JULA出版局
亀田達也［二〇一七］『モラルの起源――実験社会科学からの問い』、岩波書店
亀田達也、村田光二［二〇一〇］『複雑さに挑む社会心理学 改訂版――適応エージェントとしての人間』（改訂版）、有斐閣
Laland, K. N.［2017］*Dawrin's Unfinished Symphony - how culture made the human mind*, Princeton University Press
Lowernthal, D.［1953］"George Perkins Marsh and the American Geographical Tradition", *Geographical Review*, Vol. 43 (2): 207-213
Marsh, G. P.［1864］"Man and Nature: or physical geography as modified by human action", Charles Scribner
Mayr, E.［1982］*The growth of biological thought: Diversity, Evolution, and Inheritance*, Harvard University Press
Mayr, E.［2000］"Darwin's Influence on Modern Thought", Scientific American (July): 79-83
Mesoudi, A.［2011］*Cultural Evolution: How Darwinian Theory Can Explain Human Culture and Synthesize the Social Sciences*, アレックス・メスーディ、『文化進化論――ダーウィン進化論は文化を説明できるか』、竹澤正哲（解説）、野中香方子・訳、［二〇一六］、NTT出版
Miller, G.［2008］"The Roods of Morality", *Science*, Vol. 320 (5877): 734-737
National Institute of Health［2015］"National Action Pan for Combatting Antibiotic-Resistant Bacteria" https://obamawhitehouse.archives.gov/sites/default/files/docs/national_action_plan_for_combating_antibotic-resistant_bacteria.pdf（二〇一九年七月五日最終確認）
Nesse, R. M. and William, G. C.［1994］"Why We Get Sick: The New Science of Darwinian Medicine", ランドルフ・M・ネシー、ジョージ・C・ウィリアムズ、『病気はなぜあるのか――進化医学による新しい理解』、長谷川眞理子、青木千里、

長谷川寿一・訳、〔二〇〇一〕、新曜社
太田博樹、長谷川眞理子〔二〇一三〕『ヒトは病気とともに進化した』、勁草書房
Penn, D. J.〔2003〕“The Evolutionary Roots of Our Environmental Problems: Toward a Darwinian Ecology”, *The Quarterly Review of Biology*, Vol.78 (3): 275-301
Portsmouth, S., van Veenhuzen, D., Echols, R., Machida, M., Ferreira, J. C. A. et al.〔2018〕“Cefiderocol versus imipenem-cilastatin for the treatment of complicated urinary tract infections caused by Gram-negative uropathogens: a phase 2, randomised, double-blind, non-inferiority trial”, *The Lancet Infectious Diseases*, Vol. 18 (12): 1319-1328
REUTERS〔二〇一九〕「陸上＝男性ホルモン制限保留のセメンヤ、２０００ｍで優勝」、〔二〇一九年六月一二日〕、（https://jp.reuters.com/article/semenya-idJPKCN1TD05A）（二〇一九年七月五日　最終確認）
Richerson, P. J. and Boyd, R.〔2005〕*Not by genes alone-how culture transformed human evolution*, University of Chicago Press
Sato, D. and Kawata, M.〔2018〕“Positive and balancing selection on SLC18A1 gene associated with psychiatric disorders and human-unique personality traits”, *Evolution Letters*, Vol. 2 (5): 499-510
Smith, E. A., Ed.〔1992〕*Evolutionary Ecology and Human Behavior*, Foundation of Human Behavior, Routledge
Sperber, D.〔1996〕*Explaining Culture: a naturalistic approach*, Blackwell
Sterns, S.〔2015〕*A Primer of Evolutionary Medicine*, Sinauer
Sulston, J.〔2009〕“From Understandng to responsibility”, Abstract Programme, Darwin Festival Cambridge, July 5-10, 2009, p.14, University of Cambridge
Thaler, R.〔2015〕*Misbehaving: The making of behavioral economics*, リチャード・セイラー、『行動経済学の逆襲』、遠藤真美・訳、〔二〇一六〕、早川書房
Tinbergen, N.〔1963〕“On aims and methods of Ethology”, *Zeitschrift für Tierpsychologie*, Vol. 20 (4): 410-433
Vincernt, J.〔2018〕“Google ‘fixed’ its racist algorithm by removing gorillas from its image-labeling tech”, Jan. 12, 2018, THE

VERGE, https://www.theverge.com/2018/1/12/16882408/google-racist-gorillas-photo-recognition-algorithm-ai（二〇一九年七月五日 最終確認）

Williams, G. W. and Nesse, R. M.［1991］"The Dawn of Darwinian Medicine", *Quartenary Review of Biology*, Vol. 66: 1-22

山岸俊男［二〇〇〇］『社会的ジレンマ――「環境破壊」から「いじめ」まで』、ＰＨＰ研究所（ＰＨＰ新書）

山岸俊男［二〇一五］『「日本人」という、うそ――武士道精神は日本を復活させるか』、筑摩書房（ちくま文庫）

Yamagishi, T.［2017］"Individualism–collectivism, rule of law, and general trust", (In) P. A. M. van Lange, B. Rockenbach and T. Yamagishi (Eds.), *Social dilemma: New perspectives on trust*, pp. 197–214, Oxford University Press

読書案内

「ダーウィンと出会う」体験をさらに深めるために……内田亮子

ダーウィン、進化生物学そして人類進化については、専門的な歴史および科学書の他、一般の読者向けに著者が独自の意見を展開しているものまで膨大な量の著作がある。ここでは、本書で取り上げたもの（参考文献リスト参照）に追加していくつか紹介する。

まず、ダーウィンの著書、ノートブックや私信に至るまでオンラインで読むことができるのでぜひ以下のサイトを訪ねていただきたい。

DARWIN ONLINE
http://darwin-online.org.uk,
Darwin Correspondence Project
https://www.darwinproject.ac.uk

『種の起源』の翻訳や解説本は多くあるが、**リチャード・リーキー**編集・解説の『**新版・図説 種の起源**』（東京書籍）は比較的読みやすいと思う。ダーウィンの生涯や『種の起源』出版の経緯・背景などについて書かれた伝記のなかで最も優れていると評価が高く感動するのは、科学史研究者**ジャネット・ブラウン**による*Charles Darwin: A Biography, Vol.1-Voyaging, Vol.2-The Power of Place*である。同著者の『**ダーウィンの『種の起源』**』（ポプラ社）はわかりやすく面白い。また、子供むけの絵本『**ダーウィンの「種の起源」——はじめての進化論**』（サビーナ・ラデヴァ、岩波書店）は、挿絵が美しく大人も楽しめる。

高校や大学の生物学の教科書でどのように進化が扱われているのかを知るには、『**進化の教科書**』（**カール・ジンマー**、**ダグラス・エムレン**、講談社）、『**キャンベル生物学**』（**リサ・ウリー**他著、丸善出版）、『**カラー図解 アメリカ版 大学生物学の教科書**』（**デイヴィッド・サダヴァ**、講談社）がある。『**進化——生命のたどる道**』（**カール・ジンマー**、岩波書店）も情報量が多い。

一般書で最近の進化研究の動向がわかるものとしては、

『眠れなくなる進化論の話　～ダーウィン、ドーキンズから現代進化学まで全部みせます～（知りたい！サイエンス）』（ハインツ・ホライス、技術評論社）がある。

人類進化の本としては、ダニエル・E・リーバーマンの『人体六〇〇万年史――科学が明かす進化・健康・疾病』（ハヤカワ・ノンフィクション文庫）、『火の賜物――ヒトは料理で進化した』（リチャード・ランガム、NTT出版）、『文化がヒトを進化させた――人類の繁栄と〈文化-遺伝子革命〉』（ジョセフ・ヘンリック、白揚社）は、主に生物人類学を専門とする研究者によるわかりやすい本である。進化心理学、認知科学分野では『進化心理学を学びたいあなたへ：パイオニアからのメッセージ』（王暁田、蘇彦捷編集、東京大学出版会）、『約束するサル』（小田亮、柏書房）、『ブラックボックス化する現代　変容する潜在認知』（下條信輔、日本評論社）が興味深い。人間と他の動物を比較したものでは『動物の賢さがわかるほど人間は賢いのか』（フランス・ドゥ・ヴァール、紀伊國屋書店）、『タコの心身問題――頭足類から考える意識の起源』（ピーター・ゴドフリー＝スミス、みすず書房）は授業の演習で使っている。また、私が大ファンの神経内分泌学者ロバート・M・サポルスキーによる一般向け著作の中で翻訳されているのが、『サルなりに思い出す事など――神経科学者がヒヒと暮らした奇天烈な日々』（みすず書房）、『ヒトはなぜのぞきたがるのか――行動生物学者が見た人間世界』（白揚社）。また、彼のBehave（Vintage）の翻訳書は早く出版されて欲しい。なお、神経行動学者による『脳に心が読めるか？――心の進化を知るための90冊』（岡ノ谷一夫、青土社）は、面白い本が揃っている。

現代人の奇妙さと危うさは、『サピエンス―異変―新たな時代「人新世」の衝撃』（ヴァイバー・クリガン＝リード、飛鳥新社）、『ホモ・デウス』（ユヴァル・ノア・ハラリ、河出書房新社）、『文明崩壊　上下：滅亡と存続の命運を分けるもの』（ジャレド・ダイアモンド、草思社）、『暴力の人類史』（スティーブン・ピンカー、青土社）、『人類は絶滅を逃れられるのか』（スティーブン・ピンカー、マルコム・グラッドウェル、マット・リドレー、ダイヤモンド社）、『シャルリとは誰か？　人種差別と没落する西欧』（エマニュエル・トッド、文春新書）でも語られている。

進化生物学者スティーブン・ジェイ・グールドの多くの著作は、今や古典となったが忘れてはならない。『パンダの親指――進化論再考』（ハヤカワ文庫NF）、『ダー

ウィン以来——進化論への招待』(ハヤカワ文庫NF)、『**人間の測りまちがい——差別の科学史**』(河出文庫)。

最後に、最近の優生学や遺伝に関するものをいくつかあげる。『**細胞から若返る! テロメア・エフェクト 健康長寿のための最強プログラム**』(**エリザベス・ブラックバーン、エリッサ・エペル**、NHK出版)、『**エピゲノムと生命**』(**太田邦史**、ブルーバックス、講談社)、『**完全な人間を目指さなくてもよい理由——遺伝子操作とエンハンスメントの倫理**』(**マイケル・J・サンデル**、ナカニシヤ出版)、『**優生学と人間社会**』(**米本昌平**他著、講談社現代新書)。

本書で述べたように、ダーウィンは人間を含めた生物を理解するための種を蒔いてくれた。これらの書籍から読者も「ダーウィンと出会うとはこういうことなんだ!」という経験をしていただければ幸いである。

あとがき

ケニアのトゥルカナ湖畔にあるTurkana Basin Institute（ＴＢＩ）は、リチャード・リーキー博士と米ニューヨーク州立Stony Brook大学の共同で設立された人類進化研究施設である。私は二〇一八年八月、約一三〇〇万年前の中新世類人猿（*Nyanzapithecus alessi*）が発見された地域でのＴＢＩによる発掘調査に参加した。人生最初のアフリカでの野外調査へリチャードとミーブ・リーキー夫妻に連れて行ってもらったのもトゥルカナ湖の西部で、約一六〇万年前の化石人類（KNM-WT15000, 通称ナリオコトメボーイ）出土付近での調査だった。現在のＴＢＩ副所長でケニア出身のアイザイア・ネンゴ博士は、ハーバード大学大学院でデヴィッド・ピルビーム教授の指導を一緒に受けた旧友である。

トゥルカナ地方からは多数の貴重な化石人類が発見されており、考古学的・民族学的にも興味深い地域である。ＴＢＩは様々な研究の拠点として重要な役割を果たしている。また、多くの財団および企業からの支援を受け、学術的な研究を行うだけではなく、周辺の土地の人たちの生活の質向上のためにも積極的に活動している。なお、施設からの眺めと夜空は絶景である。

私は滞在中、ＴＢＩを支援している米カリフォルニア州ロータリークラブ支部のグループと出会い、周辺の小学校を回って太陽光パネルを設置し、本や玩具を寄付する彼らの活動を見学させてもらった。建物の中に机も椅子もなく、教師はボランティアという小学校もある。ある意味、取り残されたような地域なのだ。定期的に家畜を連れて移動する伝統的な生活を送っている人が多い。近年では乾燥化が著しく進んでおり、本来牛を飼うことを誇りとしていた彼らも今やラクダやヤギで生活するようになっている。

周りをみわたすと、文字通り何もない。ただ荒涼な土地が広がっているだけである。ところがである。小学校を案内してくれた郡の役人の女性は、絶え間なく携帯電話でだれかと話をしていた。集まった子供たちの中に、携帯をにぎりしめている子もいた。ケニアは携帯電話の基地局建設ラッシュで、携帯の普及が都市部だけではなく急激に進んでいる。三〇年近く前には、マサイ族の若者たちは大きなラジカセを肩にかついで、誇らしげに歩いていた。あの頃と同じ民族衣装で美しいビーズ細工の腕輪をつけている彼らだが、いまや携帯電話を持っている。携帯は単なるおしゃべり用ではなく、家畜の取引や家族への仕送りなどが簡単にでき、彼らにとっては生活に欠かせないものとなっているのだ。ただし、衛生的なトイレやシャワーはない。生活水は限られた数しかない井戸や、溜まった泥水を利用している。人と人との繋がりが何よりも優先されていることは明らかである。この光景から、人間とは？　を考え込まない人はおそらくいないだろう。

ケニア共和国は英連邦国として独立したのち一九六四年に成立した。国境や郡の境界は人為的に引かれたもので、スワヒリ語と英語が公用語ではあるが、今でも四二もの部族からなり、異なる言語を話す。今日では、部族間での婚姻は多いそうだが、利用したタクシーの運転手（彼はキクユ）は、違う部族の友人の結婚式に参加した際、言葉が全くわからなかったという。ＴＢＩの発掘にアルバイトで参加している若者たちもトゥルカナ語しか話さない。身振りと笑顔で簡単な作業は楽しくできたが、彼らともっと会話をしたかった。例の七四言語を翻訳する商品に、ぜひトゥルカナ語も入れて欲しいと思う。

本書は、編集者中西豪士さんの提案で手がけることになった。貴重な機会をあたえてくださったこと、そして構成や表現に的確なアドバイスや励ましをいただき、心から感謝したい。助言をもとに、とにかく丁寧な説明を試みたつもりだが、冗長な箇所はご容赦いただきたい。

正直なところ、執筆を開始する前から今に至っても、ダーウィン、そしてダーウィンから影響を受けた多くの人々やダーウィン研究者の方々の霊（象徴思考の産物）のようなものをずっと肩の上に感じて、気が重い状態が続いている。だが、思い切ってひき受けたことで、これまで考察してきた内容をまとめることができ、良い経験だったとも思う。

『種の起源』を丁寧に読むには根気がいる。しかし、ダーウィンの渾身の序章だけからでも彼が伝えたかったことを感じることはできるだろう。なお、リチャード・リーキー博士は、従来の人類進化研究とその成果が一般社会であまり浸透せず関心を持たれていないことを憂い、壮大なプロジェクトを立ち上げた。それは、ケニアに人類進化の博物館を建設することである。建物のデザインは、トゥルカナ湖周辺で発見されたアシュリアン型ハンドアックス（握斧）を模しており、数年後の完成を目指している。彼は、人類進化という壮大な出来事について、博物館で「ワオッ！」体験を提供することで、人々の関心を高めたいという。ダーウィンのメッセージを考えるには地球上で最適の場所になるだろう。

二〇一九年一一月

内田亮子（うちだ・あきこ）

1960年、福井県生まれ。

東京大学理学部卒業、同大学院理学系研究科修士課程修了、ハーバード大学大学院Ph.D.課程修了（人類学）。京都大学霊長類研究所助手、千葉大学文学部行動科学科助教授を経て、現在早稲田大学国際教養学部教授。

専門は生物人類学、人類進化。

著書に『人類はどのように進化したか』（勁草書房）、『生命をつなぐ進化のふしぎ』（ちくま新書）、訳書にM.カートミル著『人はなぜ殺すか——狩猟仮説と動物観の文明史』ほか。

いま読む！名著
進化《しんか》と暴走《ほうそう》
ダーウィン『種の起源』を読み直す

2020年1月25日　第1版第1刷発行

著者　内田亮子
編集　中西豪士
発行者　菊地泰博
発行所　株式会社 現代書館
〒102-0072　東京都千代田区飯田橋3-2-5
電話 03-3221-1321　FAX 03-3262-5906　振替 00120-3-83725
http://www.gendaishokan.co.jp/

印刷所　平河工業社（本文）　東光印刷所（カバー・表紙・帯・別丁扉）
製本所　積信堂
ブックデザイン・組版　伊藤滋章

校正協力：高梨恵一

ISBN978-4-7684-1018-9